高等职业教育"十三五"规划教材
工科类汽车、机电、农机系列规划教材

机 械 制 图

马质璞　朱媛媛　曾小虎　主编

中国农业大学出版社
·北京·

内 容 简 介

本教材以实用为原则,以应用为目标,以实际动手操作为重点,培养学习者既掌握机械制图基本知识,还能掌握基本绘图技能。本书基于"模块教学、项目引领、任务驱动"的理念,以学生为主体,注重知识传授与能力培养的结合,按照职业资格标准和岗位任职所需的知识、能力、素质的要求遴选编写内容。通过本课程的学习,使学生掌握机械制图的原理、方法,具备机械图样的识读与绘制等基本技能。本书共设计 11 个项目,每个项目又根据知识内容分解为若干个任务,采用"任务驱动"的教学方法,通过学生"做中学,学中做",培养学生独立分析问题和解决实际问题的能力。与本教材配套的《机械制图习题集》也同时出版。

图书在版编目(CIP)数据

机械制图/马质璞,朱媛媛,曾小虎主编. —北京:中国农业大学出版社,2017.7(2020.11 重印)
ISBN 978-7-5655-1820-1

Ⅰ.①机… Ⅱ.①马… ②朱…③曾… Ⅲ.①机械制图-高等学校-教材 Ⅳ.①TH126

中国版本图书馆 CIP 数据核字(2017)第 116406 号

书 名 机械制图	
作 者 马质璞　朱媛媛　曾小虎　主编	

策划编辑 张蕊 张玉	**责任编辑** 张 玉
封面设计 郑 川	**责任校对** 王晓凤
出版发行 中国农业大学出版社	
社 址 北京市海淀区圆明园西路2号	**邮政编码** 100193
电 话 发行部 010-62818525,8625	**读者服务部** 010-62732336
编辑部 010-62732617,2618	**出 版 部** 010-62733440
网 址 http://www.cau.edu.cn/caup	**E-mail** cbsszs @ cau.edu.cn
经 销 新华书店	
印 刷 北京时代华都印刷有限公司	
版 次 2017 年 7 月第 1 版　2020 年 11 月第 2 次印刷	
规 格 787×1092　16 开本　14 印张　350 千字	
定 价 38.00 元	

图书如有质量问题本社发行部负责调换

编审委员会

前　　言

　　本教材以实用为原则,以应用为目标,以实际动手操作为重点,培养学习者既掌握机械制图基本知识,还能掌握基本绘图技能。本书基于"模块教学、项目引领、任务驱动"的理念,以学生为主体,注重知识传授与能力培养的结合,按照职业资格标准和岗位任职所需的知识、能力、素质的要求遴选编写内容。通过本课程的学习,使学生掌握机械制图的原理、方法,具备机械图样的识读与绘制等基本技能。本书共设计 11 个项目,每个项目又根据知识内容分解为若干个任务,采用"任务驱动"的教学方法,通过学生"做中学,学中做",培养学生独立分析问题和解决实际问题的能力。与本教材配套的《机械制图习题集》也同时出版。

　　本书是高等职业教育机械大类规划教材,是以教育部制定的《高等职业学校专业教学标准(试行)》为依据,本着基础教学以应用为目的,以够用为度的原则,根据高职高专人才培养的需求,并在吸取了近年来教学改革的实践经验和同行意见的基础上编写的。由南阳农业职业学院、黑龙江农垦科技职业学院、湖北襄阳职业技术学院等院校参加编写。南阳农业职业学院马质璞任第一主编并统稿,黑龙江农垦科技职业学院朱媛媛、江西生物科技职业学院曾小虎任第二、第三主编,陈明(湖北襄阳职业技术学院)、张扬(南阳农业职业学院)、王忠楠(辽宁农业职业技术学院)担任副主编;杨东福(南阳农业职业学院)、陈飞飞(南阳农业职业学院)、于永富(黑龙江农垦科技职业学院)、吕彬(黑龙江农垦科技职业学院)、韩忠任(黑龙江农垦科技职业学院)参加编写。屈道强(南阳农业职业学院)、于丽颖(辽宁农业职业技术学院)担任本书主审。

　　由于编者水平有限,书中难免有某些缺漏和错误,希望广大读者批评指正。

目 录

绪　　论

《机械制图》课程是一门专业基础课,也是机械类专业的一门骨干课程。对高职机械类的学生来说,学好本门课程对后续专业课程的学习及将来的工作都非常重要。如何更快地培养学生的空间思维能力,更有效地掌握绘图基本功,随着高职的教学改革在不断深入,应从教学方法、学生兴趣和考试制度上进行改革,打破传统教学模式,强调二维平面"图"与三维空间的"物"相互转化的思维模式,在切实传授基础理论的前提下,重在培养学生的创造思维能力和空间想象能力,以达到更好的教学效果。

本课程的任务和要求

《机械制图》主要讲述有关正投影的基本理论及其应用,培养学生具有一定的图示表达能力、识图能力、空间想象和思维能力及绘图实际技能,采用"教、学、做"一体化的教学模式,使学生应达到以下基本要求:

(1)掌握正投影法的基础理论及其应用。

(2)熟悉贯彻制图国家标准技能。

(3)能够绘制(含零部件测绘)和阅读机械图样,学会标注尺寸,确定技术要求,初步具备中等复杂程度零部件的绘图能力。

(4)使学生养成认真负责的工作态度和严谨细致的工作作风。

(5)通过后续课程的学习后,能从事专业范围内的设计、制图工作。

由于《机械制图》课程具有较强的实际应用性,因此本课程在学生职业能力培养和职业素质养成两个方面起支撑和促进作用。

本课程的学习方法

《机械制图》课程要充分体现一体化,即:理论与实践内容一体化、知识传授与多媒体一体化。

课堂中应讲授练习相结合,增加习题的练习,保证学生理解了还能正确地绘制。现场教学是将课堂教学搬到生产实习现场的一种教学方法。通过仿真或实际的生产实习现场实施教学过程,使学生能将理论和实际联系起来,提高学生的读图能力和教学效率,巩固教学成果,较好地解决了制图课学完后学生看不懂机械图样的问题。

多媒体教学是现代化教学手段之一,采用多媒体直观、立体感强,学生易懂,比如装配图中涉及到拆装顺序,用多媒体方便演示,学生很易理解。但是单纯用多媒体教学是不够的,应灵活掌握教学方法。有些基础部分应按旧的教学方法进行讲解,老师在黑板上一边画一边讲解,这样学生学起来比较直观,同时也可以培养学生的绘图能力。例如:几何作图,老师教学生怎样拿两块三角板推平行线,怎样使用画规画图等。通过老师实际操作,学生对绘图工具的使用有了一定的认识;在轴测图部分,让学生根据三视图用橡皮泥或大萝卜进行基本体和各种模型的制作,充分发挥学生的主体作用,提高学生学习兴趣和主动性。所以,有目的教学方法也不可缺少,应和多媒体教学穿插使用。

　　机械制图作为一门实践性很强的重要的专业基础课,教师的指导、示范非常重要,学生平时的一些习惯和方法往往很大程度上受到教师风格、态度的影响,因此教师在教学过程中,要以严谨的工作态度、独特的教学智慧,做好示范,为学生打下良好的绘图基础。

　　综上所述,学生在学习《机械制图》课程时要用正确的学习方法培养良好的学习习惯,养成在理解过程中记忆和练习的习惯,因为只有在理解过程中练习,才能有效地掌握知识,也只有在对知识理解上下功夫,才能做到举一反三,触类旁通。

项目一　制图基本知识

【学习目标】

　　1.了解机械制图的概念、作用及发展。

　　2.正确使用三角板等绘图工具。

　　3.掌握图纸的幅面和格式、比例、字体在国家标准《机械制图》和《技术制图》中的各项规定。

　　4.掌握等分线段和圆周的方法。

任务一　绘图工具和用品的使用

【教学目标】

知识目标

1.了解图板、丁字尺和三角板的使用。

2.掌握圆规和分规的使用。

3.掌握铅笔的修理和使用。

4.了解图纸、比例尺和曲线尺的使用。

技能目标

学习正确、熟练地使用绘图仪器、工具。

【任务导入】

　　教师课前准备好图板、丁字尺和三角板教学用具,课堂上教师一边讲解一边演示,讲解三角板时,让学生用两块三角板画垂直线、倾斜线和一些常用特殊角度……正确使用和维护绘图工具,是保证绘图质量和加快绘图速度的一个重要方面。

【任务准备】

一、图板

　　图板用来铺放、固定图纸。一般用胶合板制作,表面平坦光洁,软硬适宜,四周镶硬质木条。当图纸固定其上后,用作工作(导向)边的左侧边应平直。其使用方法如图 1-1 所示。

　　图板的规格尺寸有:0 号(900 mm×1 200 mm);1 号(600 mm×900 mm);2 号(450 mm×600 mm)。

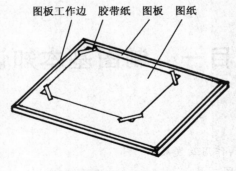

图 1-1　图板与图纸

二、丁字尺

丁字尺是画水平线的长尺。丁字尺由尺头和尺身组成,如图 1-2(a)所示。

使用时,必须随时注意尺头工作边(内侧面)与图板工作边靠紧,如图 1-2(b)。画水平线必须用尺身工作边(上边缘),自左向右画,如图 1-2(c)所示。使用完毕应悬挂放置,以免尺身弯曲变形。

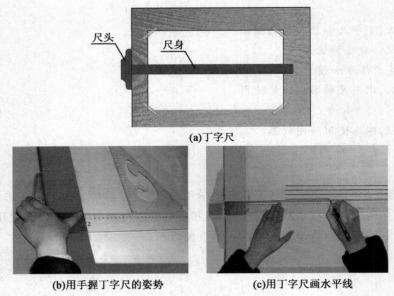

(a)丁字尺

(b)用手握丁字尺的姿势　　　　　　　　(c)用丁字尺画水平线

图 1-2　丁字尺的使用

三、三角板

一副三角板由 45°和 30°～60°两块组成,L 为其规格尺寸,如图 1-3(a)所示。用一块三角板能画成 30°、45°、60°的倾斜线;三角板与丁字尺配合,可以画垂直线、从 0°开始间隔 15°的倾斜线及其平行线,如图 1-3(b)所示。两块三角板使用见图 1-4。

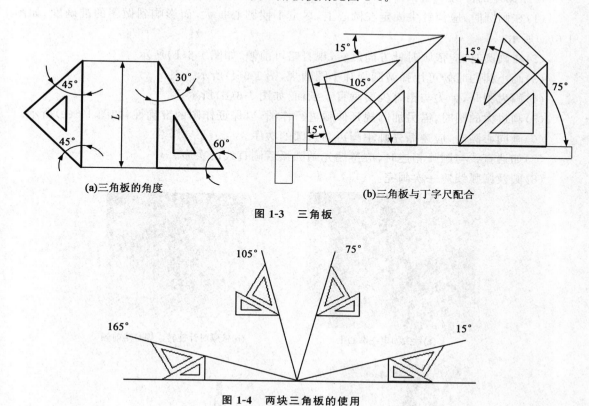

(a)三角板的角度

(b)三角板与丁字尺配合

图 1-3 三角板

图 1-4 两块三角板的使用

四、圆规

圆规是用来画圆和圆弧的工具。圆规的一个脚上装有钢针,称为针脚,用来定圆心;另一个脚可装铅芯,称为笔脚,如图 1-5(a)所示。在使用前应先调整针脚,使针尖略长于铅芯,笔脚上的铅芯应削成楔形,以便画出粗细均匀的圆弧,如图 1-5(b)所示。

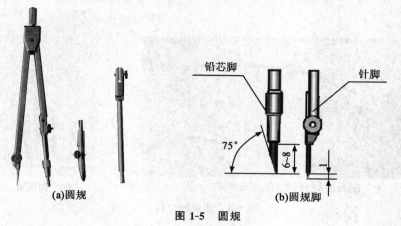

(a)圆规

铅芯脚

针脚

(b)圆规脚

图 1-5 圆规

使用圆规的注意事项：

(1)在画圆时,应使针尖固定在圆心上,尽量不使圆心扩大,而影响到做图的准确度,如图1-6(a)所示。

(2)在画圆时,应依顺时针方向旋转,规身略可前倾,如图 1-6(b)所示。

(3)画小圆的时候可用弹簧圆规和小圈圆规,图 1-6(f)所示。

(4)画大圆时,针尖与铅笔尖要垂直于纸面,如图 1-6(d)所示。

(5)画过大的圆时,需另加圆规延伸腿进行作图,以保证作图的准确性,如图 1-6(e)所示。

(6)画同心圆时,应遵循先画小圆再画大圆的次序。

(7)如遇直线与圆弧相连时,应遵循先画圆弧后画直线的次序。

(8)圆及圆弧线应一次画完。

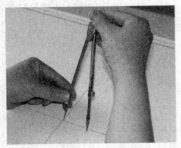
(a)针尖固定在圆心上

(b)依顺时针旋转，规身略前倾

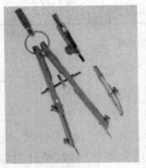
(c)弹簧圆规

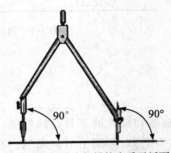
(d)画大图时针尖与铅笔尖垂于纸面

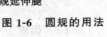
(e)画过大的圆需加圆规延伸腿

(f)小圈圆规

图 1-6　圆规的用法

五、分规

分规是用来等分和量取线段的,如图 1-7(a)所示。分规两脚的针尖在并拢后,应能对齐。如图 1-7(b)所示。

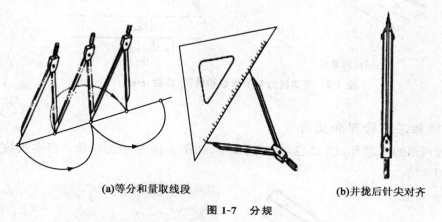

(a)等分和量取线段   (b)并拢后针尖对齐

图 1-7 分规

六、铅笔

1. 铅笔的分类

铅笔分软、中、硬三类,标号有:6H、5H、4H、3H、2H、H、HB、B、2B、3B、4B、5B、6B,其中 6H 为最硬,HB 为中等硬度,6B 为最软。如图 1-8 所示。

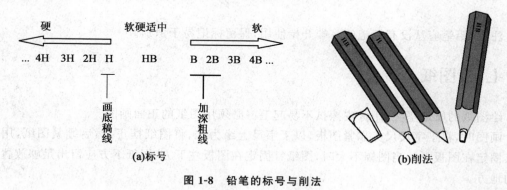

图 1-8 铅笔的标号与削法

2. 细实线铅笔的修理

画细实线、虚线、点画线等细线所用的铅笔牌号为 H,将铅芯修理成圆锥形,如图 1-9(a)所示。当铅芯磨秃后要及时修理,不要凑合着画。

绘制细实线、虚线和点画线时,初学者要数丁字尺或三角板上的毫米数,这样经过一段时间的练习后,画出的虚线或点画线的线段长才能整齐相等,如图 1-9(b)所示。

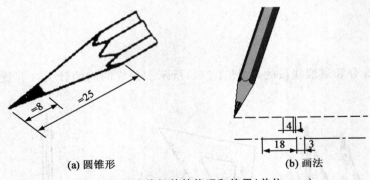

(a) 圆锥形　　　　　　　　　　　(b) 画法

图 1-9　细实线铅笔的修理和使用(单位:mm)

3.粗实线铅芯的修理和使用

画粗实线所用的铅芯为 HB 铅芯,修理成楔形,如图 1-10 所示的形状。粗实线的宽度是细实线宽度的 2 倍。

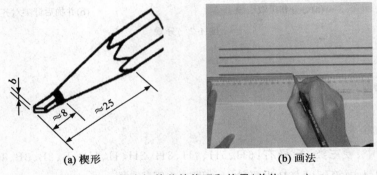

(a) 楔形　　　　　　　　　　　(b) 画法

图 1-10　粗实铅笔芯的修理和使用(单位:mm)

注意:铅笔应从没有标记的一端开始使用,保留标记易于识别。

七、绘图纸

绘图纸的质地坚实,用橡皮擦拭不易起毛。必须用图纸的正面画图。

画图时,将丁字尺尺头靠紧图板,以丁字尺上缘为准,将图纸摆正,然后绷紧图纸,用胶带将其固定在图板上。当图幅不大时,图纸宜固定在图板左下方,图纸下方应留出足够放置丁字尺的地方。

八、比例尺

比例尺为三棱柱体,故也称为三棱尺。在它三面刻有六种不同的比例刻度。是供绘制不同比例的图形用的,绘图时应根据所绘图形的比例选用相应的刻度,直接进行度量,无须计算。如图 1-11 所示。

比例尺只用来量取尺寸,不可作直尺画线用。

图 1-11　比例尺

九、曲线板

曲线板用于绘制不规则的非圆曲线。首先要定出曲线上足够数量的点,再徒手用铅笔轻轻地将各点光滑地连接起来,然后选择曲线板上曲率与之相吻合的部分分段画出各段曲线。注意应留出各段曲线末端的一小段不画,用于连接下一段曲线,这样曲线才显得圆滑,如图 1-12 所示。

图 1-12　曲线板

【任务实施】

一、任务要求

1. 在 2 号图板上贴上 3 号图纸,然后在图纸的中间画一条长 200 mm 的水平线(细实线)。
2. 粗实线绘制:以水平线的左端点为起点画 30°、45°、60°、75°、120°、150°的角度线。
3. 细实线绘制:以水平线的右端点为起点,画 30°、45°、60°、75°、90°、120°、150°的角度线。

二、画图步骤

1. 水平线的绘制(图 1-13)

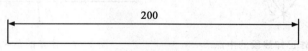

200

图 1-13　水平线的绘制(单位:mm)

2.粗实线角度线的绘制(图 1-14)

3.细实线角度线的绘制(图 1-15)

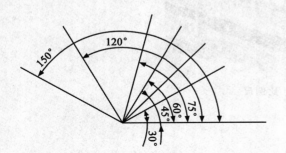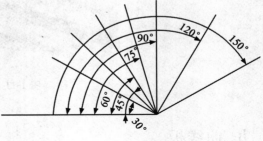

图 1-14　粗实线角度线的绘制　　　　　　　图 1-15　细实线角度线的绘制

【知识链接】

一、作已知线段的中点

作法:

(1)分别以 M、N 为圆心,大于 $MN/2$ 的相同线段为半径画弧,两弧相交于 P,Q。

(2)连接 PQ 交 MN 于 O。则点 O 就是所求作的 MN 的中点。如图 1-16 所示。

二、作已知角的角平分线

作法:

(1)以 O 为圆心,任意长度为半径画弧,分别交 OA,OB 于 M,N。

(2)分别以 M、N 为圆心,大于 $MN/2$ 的线段长为半径画弧,两弧交 $\angle AOB$ 内于 P;作射线 OP。则射线 OP 就是 $\angle AOB$ 的角平分线。如图 1-17 所示。

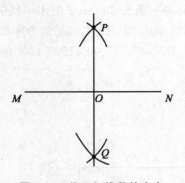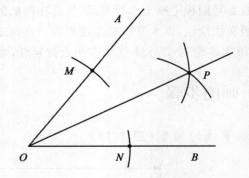

图 1-16　作已知线段的中点　　　　　　　图 1-17　作角的角平分线

【知识拓展】

一、等分线段

(1)过已知线段的一个端点,画任意角度的直线,并用分规自线段的起点量取 n 个线段。

(2)将等分的最末点与已知线段的另一端点相连。

(3)过各等分点作该线的平行线与已知线段相交即得到等分点,即推画平行线法。如图 1-18 所示。

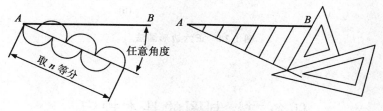

图 1-18 等分线段

二、等分圆周

1. 正五边形

方法:如图 1-19 所示。

(1)作 OA 的中点 M,如图 1-19(a)。

(2)以 M 点为圆心,$M1$ 为半径作弧,交水平直径于 K 点,如图 1-19(b)。

(3)以 $1K$ 为边长,将圆周五等分,即可作出圆内接正五边形,如图 1-19(c)。

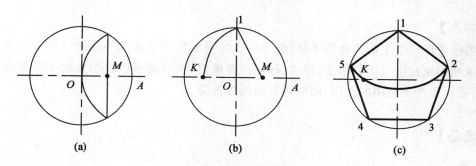

(a)   **(b)**   **(c)**

图 1-19 正五边形画法

2. 正六边形

方法一:用圆规作图,如图 1-20(a)所示。

分别以已知圆在水平直径上的两处交点 A、B 为圆心,以 $R = D/2$ 作圆弧,与圆交于 C、D、E、F 点,依次连接 A、B、C、D、E、F 点即得圆内接正六边形,如图 1-20(a)所示。

方法二:用三角板作图,如图 1-20(b)所示。

　　以 60°三角板配合丁字尺作平行线,画出四条边斜边,再以丁字尺作上、下水平边,即得圆内接正六边形,如图 1-20(b)所示。

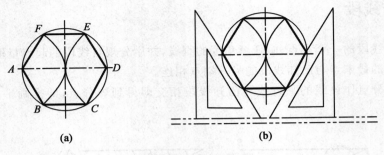

图 1-20　正六边形画法

任务二　制图的基本规定

【教学目标】

知识目标

1. 了解图纸幅面、图框格式和标题栏格式的相关国家规定。

2. 了解比例的含义及系列。

3. 掌握铅笔制图字体的写法。

技能目标

在绘制图样时遵守国家标准《机械制图》和《技术制图》中的各项规定。

【任务导入】

　　课前收集以往学生的作业若干张,到工厂收集一些生产上使用的图纸。课堂上首先用电子挂图说明国家标准对图纸幅面、格式、标题栏等规定,然后展示以往学生的不同幅面的图纸作业,再展示生产上使用的蓝图,同时讲解图纸的折叠。

【任务准备】

一、图纸幅面和格式(GB/T 14689—2008)

表 1-1 为图纸基本幅面尺寸。

二、图框格式

在图纸上必须用粗实线画出图框,其格式分为留装订边和不留装订边两种(图 1-21)。

表 1-1　基本幅面尺寸　　　　　　　　　　　mm

幅面代号		A0	A1	A2	A3	A4
尺寸 B×L		841×1 189	594×841	420×594	297×420	210×297
边框	a	25				
	c	10			5	
	e	20		10		

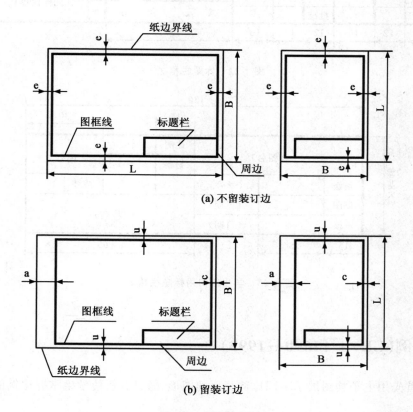

(a) 不留装订边

(b) 留装订边

图 1-21　图框格式

三、标题栏(GB/T 10609.1—2008)

通常标题栏位于图框的右下角,看图的方向应与标题栏的方向一致。(GB/T 10609.1—2008)《技术制图　标题栏》规定了两种标题栏格式,图 1-22 是第一种标题栏的格式及分栏,这种格式与 ISO 7200—1984 相一致。

学校的制图作业一般使用下图所示的简易标题栏,如图 1-23 所示。

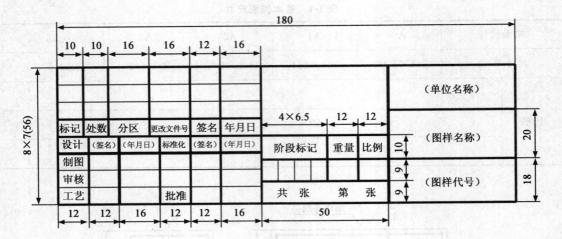

图 1-22　标题栏格式

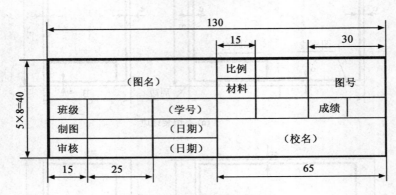

图 1-23　学生练习用标题栏格式

四、比例(GB/T 14690—1993)

课堂上首先用电子挂图展示不同比例画出的图形,通过分析使学生掌握比例的基本知识。

1. 术语

比例:图中图形与其实物相应要素的线性尺寸之比。

原值比例:比值为1的比例。

放大比例:比值大于1的比例。

缩小比例:比值小于1的比例。

2. 比例系列

比例系列如表1-2所示。

3. 比例的选用

(1)为了在图样上直接获得实际机件大小的真实概念,应尽量采用1∶1的比例绘图。

表 1-2 比例系列

种类	比 例	
	第一系列	第二系列
原值比例	1∶1	
缩小比例	1∶2 1∶5 1∶10 1∶1×10^n 1∶2×10^n 1∶5×10^n	1∶1.5 1∶2.5 1∶3 1∶4 1∶6 1∶1.5×10^n 1∶2.5×10^n 1∶3×10^n 1∶4×10^n 1∶6×10^n
放大比例	2∶1 5∶1 1×10^n∶1 2×10^n∶1 5×10^n∶1	2.5∶1 4∶1 2.5×10^n∶1 4×10^n∶1

注：n 为正整数。

（2）如不宜采用 1∶1 的比例时，可选择放大或缩小的比例。但标注尺寸一定要注写实际尺寸。

（3）应优先选用"比例系列一"中的比例。

4. 比例的应用举例

如图 1-24 所示，同一机件用不同比例画出的图形。

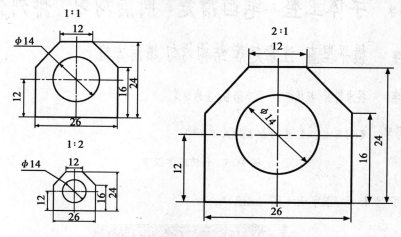

图 1-24　以不同比例画出的同一零件的图形

五、字体（GB/T 14691—1993）

先介绍国家标准对字体的规定，重点介绍铅笔制图字体的写法，然后以标题栏为例在黑板上介绍标题栏的填写和习题集作业的签名方法。

（一）字体（GB/T 14691—1993）

1. 字体的一般要求

图样中除了用视图表示机件的结构形状外，还要用文字和数字说明机件的技术要求和大小。

国家标准对图样中的汉字、拉丁字母、希腊字母、阿拉伯数字、罗马数字的形式作了规定。

图样上所注写的汉字、数字、字母必须做到:字体工整、笔画清楚、间隔均匀、排列整齐。这样要求的目的是使图样清晰,文字准确,便于识读,便于交流,给生产和科研带来方便。

2. 字体的具体规定

字体的字号规定了八种:20,14,10,7,5,3.5,2.5,1.8。字体的号数即是字体高度。如10号字,它的字高为10 mm。字体的宽度一般是字体高度的2/3左右。

①汉字应写成长仿宋体字,并应采用中华人民共和国国务院正式公布推行的《汉字简化方案》中规定的简化字。汉字的高度不应小于3.5 mm。

②字母和数字分斜体和直体两种。斜体字的字体头部向右倾斜15°。字母和数字各分A型和B型两种字体。A型字体的笔画宽度为字高的1/14,B型为1/10。

(二)字体举例

1. 长仿宋体汉字(图1-25)

10号字　字体工整　笔画清楚　间隔均匀　排列整齐

7号字　横平竖直 注意起落 结构均匀 填满方格

5号字　技术制图　机械电子　汽车船舶　土木建筑

3.5号字　螺丝齿轮 航空工业 施工技术 供暖通风 矿山港口

图1-25　长仿宋体汉字

2. 拉丁字母和希腊字母(图1-26)

ABCDEFGHIJKLMN

OPQRSTUVWXYZ

abcdefghijklmn

opqrstuvwxyz

αβχδλμϕφψω

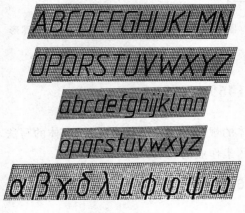

图1-26　字母

3. 阿拉伯数字和罗马数字（图 1-27）

0123456789

Ⅰ、Ⅱ、Ⅲ、Ⅳ、Ⅴ、Ⅵ、Ⅶ、Ⅷ、Ⅸ、Ⅹ、Ⅺ、Ⅻ

图 1-27 数字

（三）字体练习

1. 要求（图 1-28）

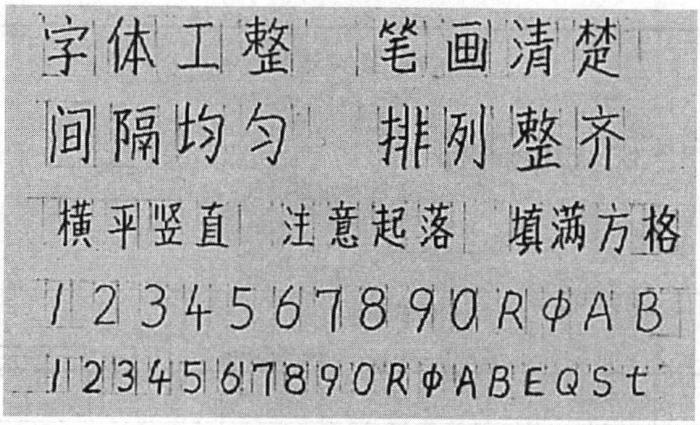

字体工整　笔画清楚
间隔均匀　排列整齐
横平竖直　注意起落　填满方格
1234567890RφAB
1234567890RφABEQSt

图 1-28 铅笔手写字体示例

2. 练习方法

① 用 H 或 HB 铅笔写字，将铅笔修理成圆锥形，笔尖不要太尖或太秃；

② 字体的笔画宜直不宜曲，起笔和收笔不要追求刀刻效果，要大方简洁；

③ 字体的结构力求匀称、饱满，笔画分割的空白分布均匀。

【任务实施】

一、标题栏——框线的绘制

框线的绘制见图 1-29。

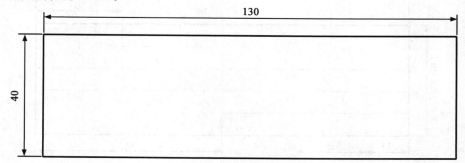

图 1-29 框线的绘制

二、标题栏——水平线的绘制

水平线的绘制见图 1-30。

图 1-30 水平线的绘制

三、标题栏——竖线的绘制

竖线的绘制见图 1-31。

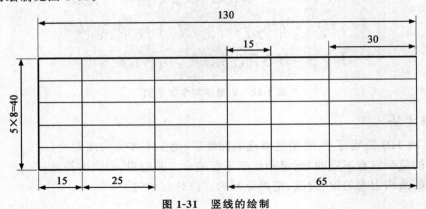

图 1-31 竖线的绘制

四、标题栏——线条的裁剪

线条的裁剪见图 1-32。

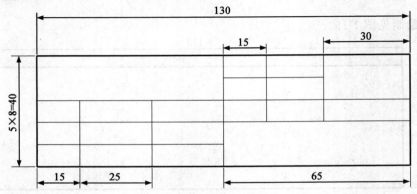

图 1-32 线条的裁剪

五、标题栏——内容

内容见图 1-33。

图 1-33　内容

【知识链接】

一、加长图幅尺寸

国家标准《机械制图》是我国颁布的一项重要技术指标,它统一规定了生产和设计部门所共同遵守的画图规则,每个工程技术人员在绘制工程图样时必须严格遵守这些规定。必要时,可以按规定加长,加长幅面的尺寸由基本幅面的短边成整数倍增加后得出。例如 A3×4 的幅面是 1 189 mm×420 mm,A3 的幅面为 420 mm×297 mm。再如 A1×3 的幅面,A1 幅面为841 mm×594 mm,A1 的短边乘以 3(图 1-34)。

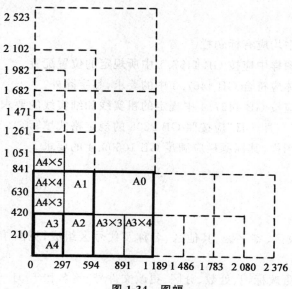

图 1-34　图幅

二、方向符号

为了使图样复制与缩微摄影时定位方便,各号图纸均应在图纸各边长的中点处分别画出对中符号。对中符号用粗实线绘制,长度从纸边界伸入图框内 5 mm。同时为明确绘图与看图时图纸的方向,应在图纸的下边对中符号处画一个方向符号。

【知识拓展】

技术制图——标题栏

本标准参照采用国际标准 ISO 7200—1984。

(一)主题内容与适用范围

本标准规定了技术图样中标题栏的基本要求、内容、尺寸与格式。
本标准适用于技术图样中的标题栏。

(二)引用标准

GB 4457.1 机械制图　图纸幅面及格式
GB 4457.3 机械制图　字体
GB 4457.4 机械制图　图线
GB 2808 全数字式日期表示法
GB 10609.4 技术制图　对缩微复制原件的要求

(三)基本要求

(1)每张技术图样中均应有标题栏。
(2)标题栏在技术图样中应按 GB 4457.1 中所规定的位置配置。
(3)标题栏中的字体应符合 GB 4457.3 中的要求,签字除外。
(4)标题栏的线型应按 GB 4457.4 中规定的粗实线和细实线的要求绘制。
(5)标题栏中的"年　月　日"应按照 GB 2808 的规定格式填写。
(6)需缩微复制的图样,其标题栏应满足 GB 10609.4 的要求。

(四)内容

1. 标题栏的组成

标准栏一般由更改区、签字区、其他区、名称及代号区组成,见图 1-35。也可按实际需要增加或减少。

①更改区:一般由更改标记、处数、分区、更改文件号、签名和年 月 日等组成。
②签字区:一般由设计、审核、工艺、标准化、批准、签名和年 月 日等组成。

③其他区:一般由材料标记、阶段标记、质量、比例、共 张、第 张等组成。

2.标题栏的填写

(1)更改区。更改区中的内容应按由下而上的顺序填写,也可根据实际情况顺延;或放在图样中其他的地方,但应有表头。

①标记:按照有关规定或要求填写更改标记;

②处数:填写同一张标记所表示的更改数量;

③分区:必要时,按照有关规定填写;

④更改文件号:填写更改所依据的文件号;

⑤签名及年 月 日:填写更改人的姓名和更改的时间。

(2)签字区。签字区一般按设计、审核、工艺、标准化、批准等有关规定签署姓名和年 月日。

(3)其他区。

①材料标记:对于需要该项目的图样一般应按照相应标准或规定填写所使用的材料;

②阶段标记:按有关规定由左向右填写图样的各生产阶段;

③质量:填写所绘制图样相应产品的计算质量,以千克(kg)为计量单位时,允许不写出其计量单位;

④比例:填写绘制图样时所采用的比例;

⑤共 张第 张:填写同一图样代号中图样的总张数及该张所在的张次。

(4)名称及代号区。

①单位名称:填写绘制图样单位的名称或单位代号,必要时,也可不予填写;

②图样名称:填写所绘制对象的名称;

③图样代号:按有关标准或规定填写图样的代号。

(五)尺寸与格式

(1)标题栏中各区的布置见图 1-35(a),也可采用图 1-35(b)形式。当采用图(a)的形式配置标题栏时,名称及代号区中的图样代号应放在区的最下方(图 1-36)。

(2)标题栏各部分尺寸与格式见图 1-35(a)和图 1-35(b),也可参照图 1-36。

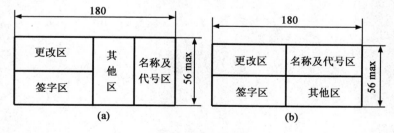

图 1-35 标题栏

标题栏的格式举例见图 1-36。

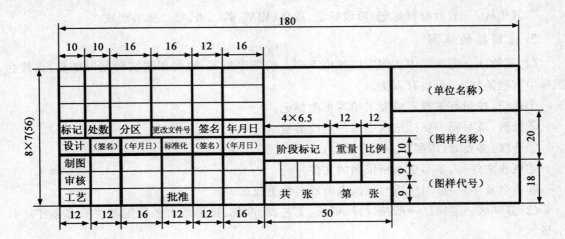

图 1-36 标题栏的格式

项目二　平面图形的绘制

【学习目标】

1. 熟悉各种图线的形式及应用。
2. 掌握圆弧连接的画法。
3. 掌握平面图形的绘制方法及尺寸标注。
4. 了解斜度和锥度的绘制及标注。
5. 掌握四心法作椭圆的步骤。
6. 掌握简单图形的徒手作图方法。
7. 熟练绘制出吊钩图形。

任务一　掌握手柄平面图形绘制的方法

【教学目标】

知识目标
1. 熟悉各种图线的线型及应用。
2. 掌握圆弧连接的画法。
3. 掌握手柄平面图形的绘制方法。
4. 了解四心法作椭圆的步骤。

技能目标
1. 培养学生识图和绘图的能力。
2. 提高学生分析与解决问题的能力。

【任务导入】

前一章讲了绘图工具的使用,图纸的幅面和格式、比例、字体的各项规定及等分线段和圆周的方法,本章通过挂图、PPT 主要介绍粗实线、细实线、虚线、点画线和底稿线 5 种线形,其他线形今后用到时再介绍,同时让学生观察比较,了解图线;通过师生协同作手柄平面图,使学生掌握几何作图的方法,建议采用师生同步作图的教学方法和由学生分组研究体会的实践学习方法。

【任务准备】

一、图线的基本线型及应用

国家标准规定了图线的名称、型式、代号、宽度和应用。线型式及其应用见表 2-1。

表 2-1　图线型式及其应用

图线名称	图线型式及其代号	图线宽度	主要用处	图例
粗实线	————————	b	A_2 可见轮廓线	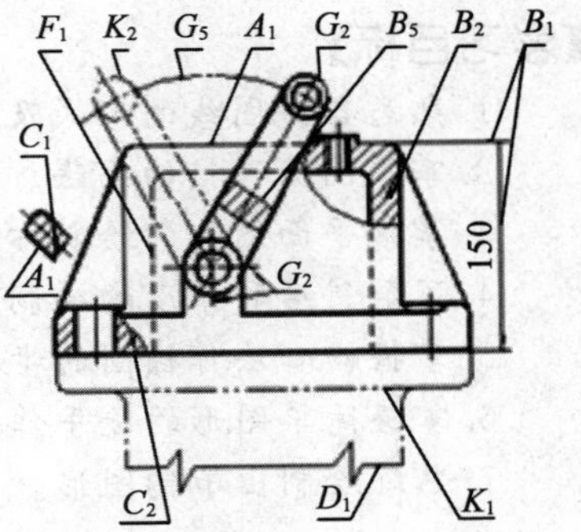
细实线	————————	约 $b/3$	B_1 尺寸线和尺寸界线 B_2 剖面线 B_3 重合剖面的轮廓线	
波浪线	∿∿∿	约 $b/3$	C_1 断裂处的边界线 C_2 视图与剖视的分界线	
双折线	—⌁—⌁—	约 $b/3$	D_1 断裂处的边界线	
虚线	- - - - - -	约 $b/3$	F_1 不可见轮廓线	
细点画线	—·—·—·	约 $b/3$	G_1 轴线 G_2 对称中心线 G_3 轨迹线	
粗点画线	——·——·——	b	J_1 有特殊要求的线或表面的表示线	
双点画线	—··—··—	约 $b/3$	K_1 相邻辅助零件的轮廓线 K_2 极限位置的轮廓线	

(一)图线宽度

图线分粗、细两种。粗线的宽度 b 应按照图的大小及复杂程度,在 $0.5\sim2$ mm 选择,细线的宽度约为 $b/2$。

图线宽度的推荐系列为:0.18、0.25、0.35、0.5、0.7、1、1.4、2 mm。制图作业中一般选择 0.7 mm 为宜。同一图样中,同类图线的宽度应基本一致。

(二)图线的画法

(1)虚线的每个线段长度和间隔应大致相等。在绘制虚线、点画线时,线和线相交处应为线段相交。当虚线在粗实线的延长线上时,在分界处要留空隙。点画线超出轮廓线的长度为 $3\sim5$ mm。当要绘制的点画线长度较小时,可用细实线代替。除非另有规定,两条平行线之间的最小间隙不得小于 0.7 mm。

(2)细点画线的每个线段长度和间隔应大致相等,应超出轮廓线 $2\sim5$ mm。

细点画线和双点画线中的"点"应画成约 1 mm 的短划,细点画线的首尾两端应是线段而不是短划。细点画线与其他图线相交时,都应在线段处相交,不应在短画处相交。

在绘制圆形时,必须作出两条互相垂直的细点画线,作为圆的对称中心线,线段的交点应为圆心。在较小的圆形上绘制细点画线有困难时,可用细实线代替。如图 2-2 所示。

当两种或两种以上图线重叠时,应按以下顺序优先画出所需的图线:可见轮廓线→不可见轮廓线→轴线和对称中心线→双点画线。

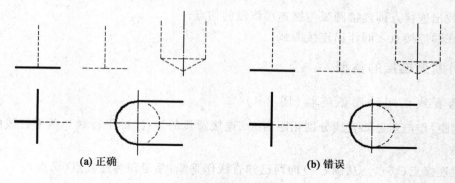

(a) 正确　　　　　　　　　　　　(b) 错误

图 2-1　图线的画法

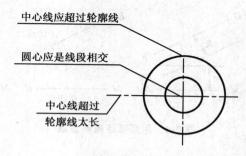

图 2-2　圆的绘制

二、圆弧连接

（一）圆弧连接的概念

有些机件常常具有光滑连接的表面,如图 2-3 扳手。因此,在绘制时会遇到圆弧连接的问题,用一圆弧光滑地连接相连相邻两已知线段的作图方法叫做圆弧连接。圆弧连接的实质就是要使连接圆弧与相邻线段相切。圆弧连接的目的,达到光滑连接的要求。

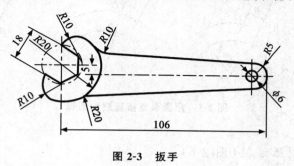

图 2-3　扳手

（二）圆弧连接的作图步骤

（1）求连接圆弧的圆心,它应满足到两被连接线段的距离均为连接圆弧的半径的条件。

(2)找出连接点即连接圆弧与被连接线段的切点。

(3)在两连接点之间作出连接圆弧。

(三)圆弧连接的类型

1. 两直线之间的圆弧连接(图2-4)

①定距:作与两已知直线分别相距为R(连接圆弧的半径)的平行线。两平行线的交点O即为圆心。

②定连接点(切点):从圆心O向两已知直线作垂线,垂足即为连接点(切点)。

③以O为圆心,以R为半径,在两连接点(切点)之间画弧。

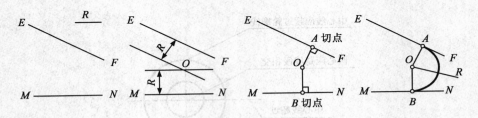

图2-4　用圆弧连接两直线

2. 直线与圆弧间的圆弧连接(图2-5)

以已知的连接R画弧,与直线Ⅰ和O_1圆外切

①作直线Ⅰ的平行线Ⅱ(距离为R);再以$(R+R_1)$为半径,以O_1为圆心画弧,与直线Ⅱ相交于O。

②作OA垂直于直线Ⅰ;连OO_1交已知圆弧于B,A、B即为切点。

③以O为圆心,R为半径画圆弧,连接直线Ⅰ和圆弧O_1于A、B。

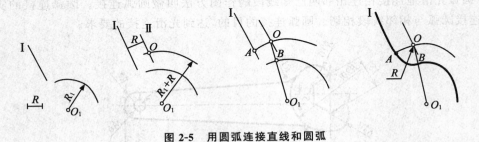

图2-5　用圆弧连接直线和圆弧

3. 两圆弧间的圆弧连接(图2-6)

已知:连接圆弧和已知圆弧的弧向相反(外切)。

①分别以$(R+R_1)$及$(R+R_2)$为半径,O_1、O_2为圆心画弧,交于O。

②连OO_1交已知弧于A,连OO_2交已知弧于B,A、B即为切点。

③以O为圆心,R为半径画圆弧,连接已知画弧于A、B。

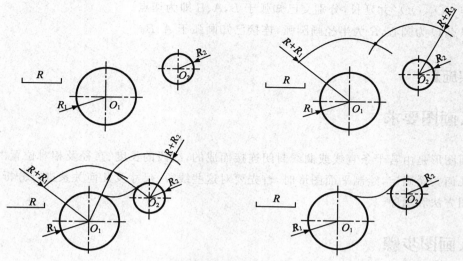

图 2-6   用圆弧连接两圆弧(外切)

已知:连接圆弧和已知圆弧的弧向相同(内切)。

① 分别以 $(R-R_1)$ 及 $(R-R_2)$ 为半径,O_1、O_2 为圆心画弧,交于点 O,如图 2-7(b)。

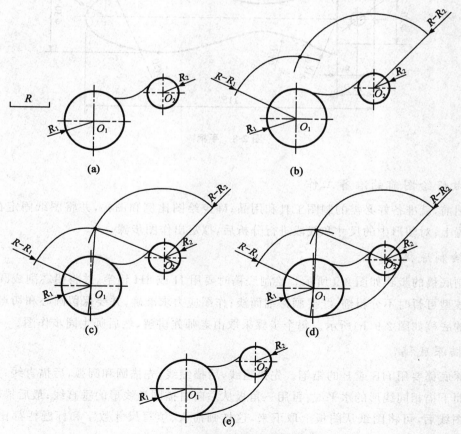

图 2-7   用圆弧连接两圆弧(内切)

②连 OO_1、OO_2 并延长,分别交已知弧于 B,A、B 即为切点。

③以点 O 为圆心,R 为半径画圆弧,连接已知画弧于 A、B。

【任务实施】

一、画图要求

平面图形是由若干条直线或曲线封闭连接而成的,线段的长度、直径及相对位置由给定的尺寸或几何关系确定,绘制平面图形时,首先要对这些线段、尺寸及几何关系进行分析,从而确定其作图方法和顺序。

二、画图步骤

以绘制图 2-8 手柄为例。

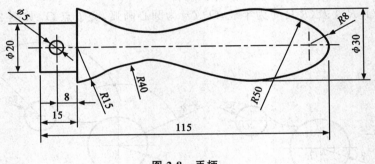

图 2-8　手柄

1. 做好绘图前的准备工作

绘图前,就准备好必需的制图工具和用品;确定绘图比例和图幅,并将图纸固定在图板的合适位置上;对图形中的尺寸和线段进行分析后,拟定出作图步骤。

2. 绘制底稿

绘制底稿的步骤如图 2-9 所示。绘制底稿时要用 H 或 2H 铅笔,并将铅芯削成圆锥形;底稿上的线型可暂时不分粗细,线要画得细而淡;作图应力求准确,并要保留圆心和切点的位置,绘制完的底稿如图 2-9(h)所示。每个步骤采取由老师先讲解,然后师生同步作图。

3. 描深底稿

描深底稿要用 HB 或 B 的铅笔。先描粗线,后描细线;先描圆和圆弧,后描直线;先用丁字尺自上而下描相同线形的水平线;再用三角板从左向右描同类线形的垂直线;最后描斜线。描出所有图线后,可将图纸从图板上取下来,这样画箭头、填写尺寸数字和标题栏都比较方便。描深后的图如图 2-10 所示(不用标尺寸)。

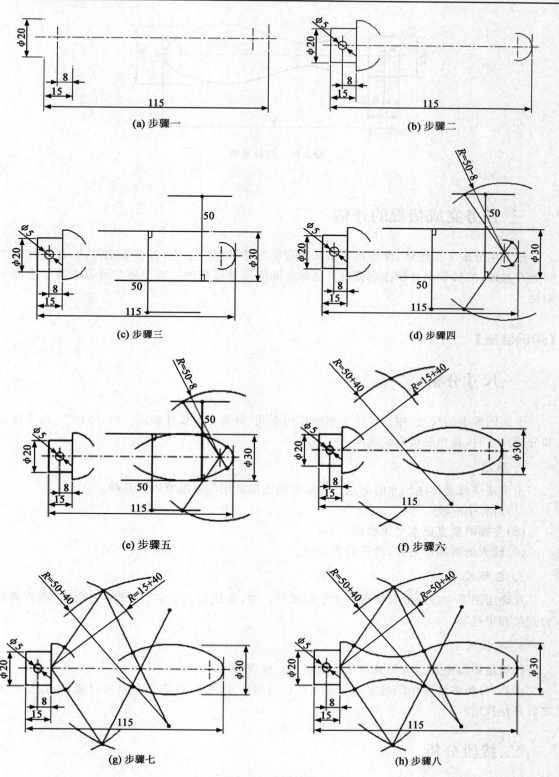

(a) 步骤一

(b) 步骤二

(c) 步骤三

(d) 步骤四

(e) 步骤五

(f) 步骤六

(g) 步骤七

(h) 步骤八

图 2-9 绘制底稿的步骤

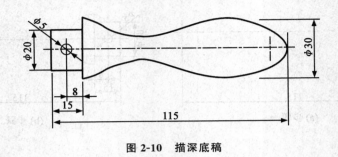

图 2-10   描深底稿

三、任务完成情况的评估

把学生分成 4 个团队,保证每个团队既有学习基础好的学生,也有基础差的,让组与组之间展开互评,然后学生对照挂图针对自己存在的问题进行修改。整个环节可以发挥学生的主动性。

【知识链接】

一、尺寸分析

平面图形中的尺寸,根据尺寸所起的作用不同,分为定形尺寸和定位尺寸两类。而在标注和分析尺寸时,首先必须确定基准。

1. 基准

所谓基准就是标注尺寸的起点。一般平面图形常用的基准有以下几种:

(1)对称中心线。

(2)主要的垂直或水平轮廓线。

(3)较大的圆的中心线,较长的直线等。

2. 定形尺寸

凡确定图形中各部分几何形状大小的尺寸。如:直线段的长度、倾斜线的角度、圆或圆弧的直径和半径等。

3. 定位尺寸

凡确定图形中各组成部分与基准之间相对位置的尺寸。

注意:分析讲解图中既起定形又起定位作用的尺寸(可以让学生在学习过定形、定位尺寸之后自行找出)。

二、线段分析

平面图形中的线段或(圆弧)按照所给的尺寸齐全与否可以分为三类:

　　1.已知弧

　　凡具有完整的定形尺寸（ϕ 及 R）和定位尺寸（圆心的两个定位尺寸），能直接画出的圆弧，称为已知弧。

　　2.中间弧

　　仅知道圆弧的定形尺寸和圆心的一个定位尺寸，需借助与其一端相切的已知线段，求出圆心的另一定位尺寸，然后才能画出的圆弧，称为中间弧。

　　3.连接弧

　　只有定形尺寸而无定位尺寸，需借助与其两端相切的线段，求出圆心后才能画出的圆弧，称为连接弧。

　　画图时先画出基准线，再画出已知线段，然后画出中间线段，最后画出连接线段。

【知识拓展】

一、椭圆的画法

　　椭圆常用画法有同心圆法和四心圆弧法两种。

　　1.同心圆法

　　如图 2-11(a)所示，以 AB 和 CD 为直径画同心圆，然后过圆心作一系列直径与两圆相交。由各交点分别作与长轴、短轴平行的直线，即可相应找到椭圆上各点。最后，光滑连接各点即可。

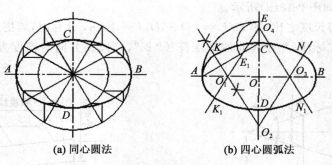

(a) 同心圆法　　　　　　(b) 四心圆弧法

图 2-11　椭圆的画法

　　2.椭圆的近似画法（四心圆弧法）。

　　已知椭圆的长轴 AB 与短轴 CD。

　　(1)连 AC，以 O 为圆心，OA 为半径画圆弧，交 CD 延长线于 E。

　　(2)以 C 为圆心，CE 为半径画圆弧，截 AC 于 E_1。

　　(3)作 AE_1 的中垂线，交长轴于 O_1，交短轴于 O_2，并找出 O_1 和 O_2 的对称点 O_3 和 O_4。

　　(4)把 O_1 与 O_2、O_2 与 O_3、O_3 与 O_4、O_4 与 O_1 分别连直线。

（5）以 O_1、O_3 为圆心，O_1A 为半径；O_2、O_4 为圆心，O_2C 为半径，分别画圆弧到连心线，K、K_1、N_1、N 为连接点即可。

二、斜度和锥度

1. 斜度

斜度是指一直线（或平面）对另一直线（或平面）的倾斜程度。它的特点是单向分布，如图 2-12(a)所示。

斜度：高度差与长度之比，即 $H/L = 1 : n$，计算时，均把比例前项化为1，在图中以 $1：n$ 的形式标注，并在其前加斜度符号"∠"，且倾斜方向与斜度方向一致，如图 2-12(b)所示。

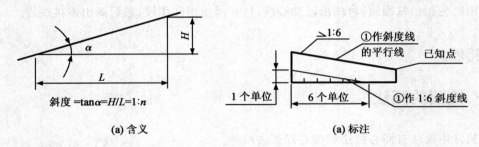

（a）含义　　　　　　　　　　　　（a）标注

图 2-12　斜度

2. 锥度

锥度是指正圆锥底圆直径与其高度之比，或正圆台的两底圆直径差与其高度之比。它的特点是双向分布，如图 2-13(a)所示。

锥度：直径差与长度之比，即 $D/L = (D-d)/l = 1 : n$，计算时，均把比例前项化为1，在图中以 $1：n$ 的形式标注，并在其前加锥度符号"▷"，且倾斜方向与锥度方向一致，如图 2-13(b)所示。

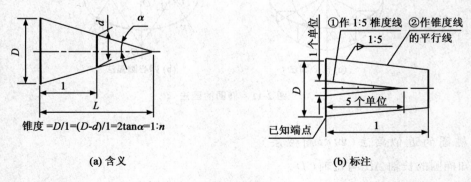

（a）含义　　　　　　　　　　　　（b）标注

图 2-13　锥度

任务二　绘制吊钩及标注尺寸

【教学目标】

知识目标

1. 熟悉各种图线的线型及应用。
2. 掌握圆弧连接的画法。
3. 掌握吊钩图形的绘制方法及尺寸标注。
4. 掌握简单图形的徒手作图方法。

技能目标

1. 培养学生识图和绘图的能力。
2. 提高学生分析与解决问题的能力
3. 掌握徒手作图方法与技巧。

【任务导入】

　　任务一主要介绍各种图线的线型及应用,圆弧连接的画法和手柄平面图形的绘制方法及尺寸标注。除了手柄,我们还经常会用到吊钩、手轮和连杆等机件,这些机件都具有光滑连接的表面,在绘制它们的图形时,会遇到圆弧连接的问题。

　　本次任务讲课中采用通过多媒体和举例的方法抓住尺寸分析这个核心,教会学生具有对平面图形分析尺寸基准和识读定位尺寸的能力。基准与定位尺寸紧紧相连,定位尺寸又是画出第二基准线、第三基准线……的依据,在讲解时不可忽视;练习中采用以学生为主,根据吊钩挂图由学生分组分析讨论画图,教师点评总结。

【任务准备】

　　图样中,图形只能表示物体的形状,不能确定它的大小,因此,图样中必须标注尺寸来确定其大小。国家标准对尺寸标注的基本方法有一系列的规定。

一、标注尺寸的基本规则

　　(1)机件的真实大小应以图样上所注的尺寸数值为依据,与图形的大小及绘图的准确度无关。

　　(2)图样中(包括技术要求和其他说明)的尺寸,一般以毫米为单位。以毫米为单位时,不注计量单位的代号或名称,如采用其他单位,则必须注明相应的计量单位的代号或名称。

　　(3)图样中所标注的尺寸,为该图样所表示机件的最后完工尺寸,否则应另加说明。

　　(4)机件的每一尺寸,一般只标注一次,并应标注在反映该结构最清晰的图形上。为了便于图样的绘制、使用和保管,图样均应画在规定幅面和格式的图纸。

二、标注尺寸的基本规定

完整的尺寸标注包含下列四个要素：尺寸界线、尺寸线、尺寸数字和终端（箭头），具体如图 2-14 所示。

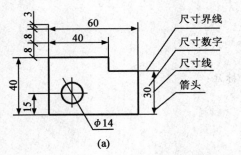
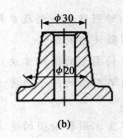

图 2-14　尺寸界线示例

(一)尺寸界线

作用：表示所注尺寸的起始和终止位置，用细实线绘制。

它由图形的轮廓线、轴线或对称中心线处引出。也可利用轮廓线、轴线或对称中心线本身作尺寸界线。

强调：尺寸界线一般应与尺寸线垂直，必要时允许与尺寸线成适当的角度；尺寸界线超出尺寸线 2 mm 左右。参照图 2-14 说明。

(二)尺寸线

作用：表示所注尺寸的范围，用细实线绘制。

尺寸线不能用其他图线代替，不得与其他图线重合或画在其延长线上，并应尽量避免尺寸线之间及尺寸线与尺寸界线相交。

标注线性尺寸时，尺寸线必须与所标注的线段平行，相互平行的尺寸线小尺寸在内，大尺寸在外，依次排列整齐。并且各尺寸线的间距要均匀，间隔应大于 5 mm ，以便注写尺寸数字和有关符号。参照图 2-15 说明。

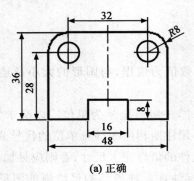
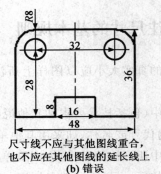

(a) 正确　　　　　　　　　尺寸线不应与其他图线重合，
　　　　　　　　　　　　　也不应在其他图线的延长线上
　　　　　　　　　　　　　(b) 错误

图 2-15　尺寸线示例

(三)尺寸线终端

尺寸线终端有两种形式:箭头和细斜线。机械图样一般用箭头型式,箭头尖端与尺寸界线接触,不得超出也不得离开,如图 2-16(a)所示。

当尺寸线太短,没有足够的位置画箭头时,允许将箭头画在尺寸线外边;标注连续的小尺寸时可用圆点代替箭头,如图 2-16(b)所示。

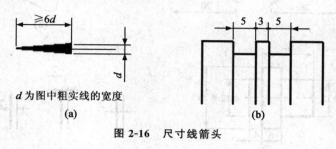

d 为图中粗实线的宽度

(a)　　　　　　　(b)

图 2-16　尺寸线箭头

(四)尺寸数字

作用:尺寸数字表示所注尺寸的数值。

强调:(1)线性尺寸的数字一般应写在尺寸线的上方、左方或尺寸线的中断处,位置不够时,也可以引出标注。

(2)尺寸数字不能被任何图线通过,否则必须将该图线断开。

(3)在同一张图上基本尺寸的字高要一致,一般采用 3.5 号字,不能根据数值的大小而改变。

三、常用尺寸的标注方法

1.线性尺寸的标注

线性尺寸的数字应按图 2-17(a)所示的方向填写,图示 30°范围内,应按图(b)形式标注。尺寸数字一般应写在尺寸线的上方,当尺寸线为垂直方向时,应注写在尺寸线的左方,也允许注写在尺寸线的中断处,如图(c)所示。狭小部位的尺寸数字按图(d)所示方式注写。

2.角度尺寸的标注

角度的尺寸界线应沿径向引出,尺寸线是以角的顶点为圆心画出的圆弧线。角度的数字应水平书写,一般注写在尺寸线的中断处,必要时也可写在尺寸线的上方或外侧。角度较小时也可以用指引线引出标注。角度尺寸必须注出单位,如图 2-18 所示。

3.圆和圆弧尺寸的标注

标注圆及圆弧的尺寸时,一般可将轮廓线作为尺寸界线,尺寸线或其延长线要通过圆心。大于半圆的圆弧标注直径,在尺寸数字前加注符号“ϕ”,小于和等于半圆的圆弧标注半径,在尺寸数字前加注符号“R”。没有足够的空位时,尺寸数字也可写在尺寸界线的外侧或引出标注。圆和圆弧的小尺寸的标注如图 2-19 所示。

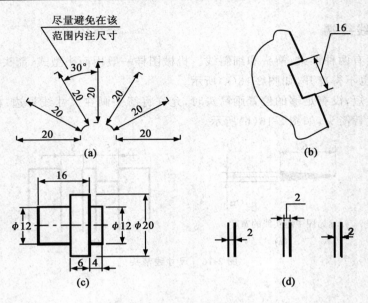

图 2-17　线性尺寸标注示例

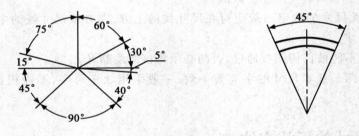

图 2-18　角度尺寸标注示例

图 2-19　圆及圆弧尺寸注法

4. 球体尺寸的标注

圆球在尺寸数字前加注符号"$S\phi$"，半球在尺寸数字前加注符号"SR"。

5. 小尺寸的注法

当标注的尺寸较小，没有足够的位置画箭头或写尺寸数字时，箭头可画在外面，或用小圆点代替两个箭头；尺寸数字可写在外面或引出标注。

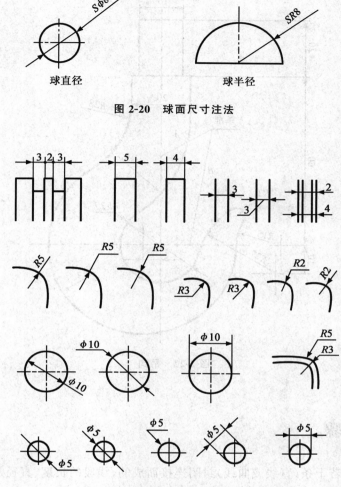

图 2-20　球面尺寸注法

图 2-21　小尺寸的注法

【任务实施】

吊钩的绘制

一、画图要求

（1）要求学生绘图前，就准备好必需的制图工具和用品；确定绘图比例和图幅，并将图纸固定在图板的合适位置上。

（2）提前准备好挂图，如图 2-22 所示。把学生分成四个团队，保证每个团队既有学习基础好的学生，也有基础差的，通过提问引导让学生分析思考并讨论，对图形中的尺寸和线段进行分析后，拟定出作图步骤然后独立画图。

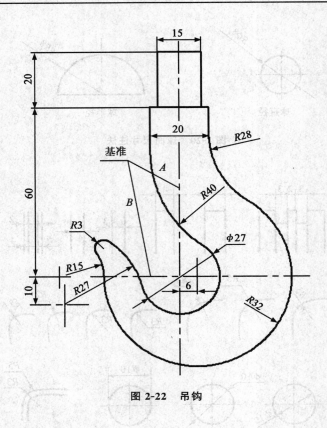

图 2-22　吊钩

二、画图步骤

平面图形是由若干条(直线或曲线)封闭连接而成的,线段的长度、直径及相对位置由给定的尺寸或几何关系确定,绘制平面图形时,首先要对这些线段、尺寸及几何关系进行分析,从而确定其作图方法和顺序。

1.给出以下问题

(1)图中哪些是已知线段?

(已知线段根据给定的定形尺寸和定位尺寸能够直接作出,如图中 $\phi27$、$R32$ 都属于已知线段,都能直接作出。)

(2)图中哪些是中间线段?

(中间线段不能直接作出,必须借助于其一端与相邻线段相切才能作出,如图中 $R15$、$R27$ 的弧。每个图形可以有一个或多个中间线段,也可以没有,由图形连接关系而定。)

(3)图中哪些是连接线段?

(连接线段必须借助于其两端与相邻两个线段相切的条件才能做出,如图中的连接圆弧 $R28$、$R40$、$R3$ 等弧。)

2.学生分组画图

组内学生观察吊钩挂图分析讨论,回答以上问题,理清绘制吊钩图形的方法与步骤。整个环节以好帮差,通过学生间互帮互助,实现共同进步。

3.学生互评互学

引导学生从主视图选用,布局是否合理等几个方面,让组与组之间展开互评,然后针对自己存在的问题进行修改。

4.老师点评

利用挂图对学生在画图中出现的问题进行分析强调,对学生表现好的地方进行表扬,对进步大的学生进行肯定。通过总结加深学生对知识的理解,通过鼓励肯定增加学生的自信心。

5.老师总结

(1)总结各类圆弧连接的特点,尤其强调要抓住圆心和连接点两个关键。

(2)总结平面图绘制的方法和步骤,尤其强调要抓住定位和定形尺寸两个关键。

三、任务完成情况的评估

学生在讨论中能踊跃参与,积极发言;能独立画出吊钩;通过组内分析,能发现自己在画图中出现的问题并能正确修改,整个环节可以发挥学生的主动性,通过画图熟练掌握圆弧连接的画法。

【知识链接】

平面图形的画法

一、尺寸分析

平面图形中的尺寸,根据尺寸所起的作用不同,分为定形尺寸和定位尺寸两类。而在标注和分析尺寸时,首先必须确定基准。

1.基准

所谓基准就是标注尺寸的起点。一般平面图形常用的基准有以下几种:

(1)对称中心线;

(2)主要的垂直或水平轮廓线;

(3)较大的圆的中心线,较长的直线等。

2.定形尺寸

凡确定图形中各部分几何形状大小的尺寸。

如直线段的长度、倾斜线的角度、圆或圆弧的直径和半径等。

3.定位尺寸

凡确定图形中各组成部分与基准之间相对位置的尺寸。

注意:分析讲解图中既起定形又起定位作用的尺寸(可以让学生在学习过定形、定位尺寸之后自行找出)。

二、线段分析

平面图形中的线段或(圆弧)按照所给的尺寸齐全与否可以分为三类:

(1)已知弧:凡具有完整的定形尺寸(ϕ 及 R)和定位尺寸(圆心的两个定位尺寸),能直接画出的圆弧,称为已知弧。

(2)中间弧:仅知道圆弧的定形尺寸和和圆心的一个定位尺寸,需借助与其一端相切的已知线段,求出圆心的另一定位尺寸,然后才能画出的圆弧,称为中间弧。

(3)连接弧:只有定形尺寸而无定位尺寸,需借助与其两端相切的线段,求出圆心后才能画出的圆弧,称为连接弧。

画图时先画出基准线,再画出已知线段,然后画出中间线段,最后画出连接线段。

三、平面图形的尺寸标注

标注平面图形的要求是:正确、完整、清晰。

(1)正确:是指标注尺寸要按国家标准的规定标注,尺寸数值不能写错和出现矛盾。

(2)完整:是指平面图形的尺寸要注写齐全。

(3)清晰:是指尺寸的位置要安排在图形的明显处,标注清晰、布局整齐、边缘看图。

【知识拓展】

一、徒手绘图的要求

(1)画线要稳,图线要清晰。

(2)目测尺寸要准,各部分比例要均匀。

(3)绘图速度要快。

(4)标注尺寸无误,字体工整。

二、徒手绘图的方法

开始练习画徒手图时,可先在方格纸上进行,这样较容易控制图形的大小比例,尽量让图形中的直线与分格线重合,以保证所画图线的平直。徒手绘图的手法如图 2-23 所示。执笔时力求自然,笔杆与纸面呈 $45°\sim60°$ 角。一般选用 HB 或 B 的铅笔,铅芯磨成圆锥形。

1.直线的画法

徒手画直线时,握笔的手要放松,用手腕抵着纸面,沿着画线的方向移动;眼睛不要死

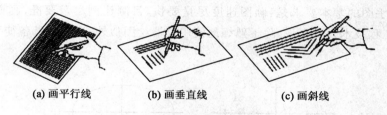

(a) 画平行线　　　**(b) 画垂直线**　　　**(c) 画斜线**

图 2-23　直线的徒手画法

盯着笔尖,而要瞄准线段的终点。画水平线时,图纸可放斜一点,不要将图纸固定死,以便随时可将图纸调整到画线最为顺手的位置,画垂直线时,自上而下运笔,画斜线时的运笔方向如图 2-23 所示。每条图线最好一笔画成;对于较长的直线也可用数段连续的短直线相接而成。

2. 圆的画法

画圆时,先定出圆心位置,过圆心画出两条互相垂直的中心线,再在中心线上按半径大小目测定出四个点后,分两半画成,如图 2-24(a)所示。对于直径较大的圆,可在 45°方向的两中心线上再目测增加四个点,分段逐步完成,如图 2-24(b)(c)所示。

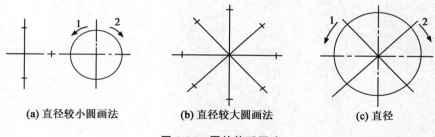

(a) 直径较小圆画法　　　**(b) 直径较大圆画法**　　　**(c) 直径**

图 2-24　圆的徒手画法

3. 斜线的画法

画 30°、45°、60°等特殊角度的斜线时,可利用两直角边的比例关系近似地画出,如图 2-25 所示。

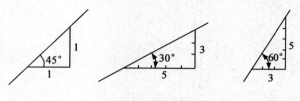

图 2-25　斜线的徒手画法

4. 椭圆的画法

画椭圆时,先目测定出其长、短轴上的四个端点,然后分段画出四段圆弧,画时应注意图形的对称性,如图 2-26 所示。

　　总之,画徒手图的基本要求是:画图速度尽量要快,目测比例尽量要准,画面质量尽量要好。对于一个工程技术人员来说,除了熟练地使用仪器绘图似外,还必须具备徒手绘制草图的能力。

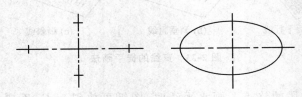

图 2-26　椭圆的徒手画法

项目三　长方体的三视图

【学习目标】

1. 了解投影法的概念、种类、应用。
2. 掌握正投影法的基本投影特性。
3. 掌握各种位置点、直线的投影。
4. 掌握各种位置平面的投影。
5. 了解点和线、线和线、点和平面的位置关系。
6. 了解直线和平面、平面和平面的位置关系。
7. 掌握三投影面体系和三视图的形成、投影规律。

任务一　绘制长方体三视图

【教学目标】

知识目标

1. 了解投影法的概念、种类、应用。
2. 掌握正投影法的基本投影特性。
3. 掌握三投影面体系和三视图的形成、投影规律。

技能目标

1. 培养学生识图和绘图的能力。
2. 提高学生分析与解决问题的能力。

【任务导入】

在工程技术中,人们常用到各种图样,如机械图样、建筑图样等。这些图样都是按照不同的投影方法绘制出来的,而机械图样是用正投影法绘制的。在机械制图中,通常假设人的视线为一组平行的且垂至于投影面的投影线,这样在投影面上所得到的正投影称为视图。一般情况下,一个视图不能确定物体的形状。因此,要反映物体的完整形状,必须增加由不同投影方向所得到的几个视图,互相补充,才能将物体表达清楚,工程上常用的是三视图。

【任务准备】

一、投影法的基本概念

投影法:从物体和投影的对应关系中,总结出了用投影原理在平面上表达物体形状的方法。举例：在日常生活中，人们看到太阳光或灯光照射物体时，在地面或墙壁上出现物体的影子，这就是一种投影现象。我们把光线称为投影线（或叫投影线），地面或墙壁称为投影面，影子称为物体在投影面上的投影，如图 3-1 所示。

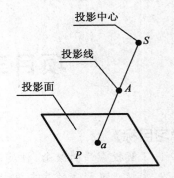

图 3-1　投影法的概念

二、投影法的分类

1. 中心投影法

投射线汇交一点的投影法（图 3-2）。

缺点：中心投影不能真实地反映物体的形状和大小，不适用于绘制机械图样。

优点：有立体感，工程上常用这种方法绘制建筑物的透视图。

2. 平行投影法

投影中心距离投影面在无限远的地方，投影时投影线都相互平行的投影法称为平行投影法，如图 3-3 所示。

投射线相互平行的投影法，按投射线是否垂直于投影面，又可分为：

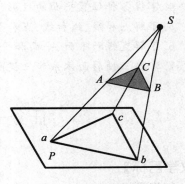

图 3-2　中心投影法

（1）斜投影法——投影线与投影面相倾斜的平行投影法，如图 3-3（a）所示。

（2）正投影法——投影线与投影面相垂直的平行投影法，如图 3-3（b）所示。

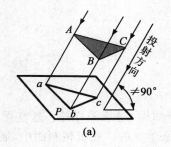

(a)

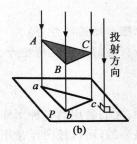

(b)

图 3-3　平行投影法

正投影法优点：能够表达物体的真实形状和大小，作图方法也较简单，所以广泛用于绘制机械图样。

三、正投影的基本性质

（1）显实性：当物体上的平面图形（或棱线）与投影面平行时，其投影反映实形（或实长）。

（2）积聚性：当物体上的平面图形（或棱线）与投影面垂直时，其投影积聚为一条直线（或一个点）。

（3）类似性：当物体上的平面图形（或棱线）与投影面倾斜时，其投影与原形状类似，即凹凸性、直曲性和边数类似，但平面图形变小了，线段变短了。

【任务实施】

一、画图要求

学生独立画出图 3-4（L 板）的三视图。

二、画图步骤

图 3-4　L 板

（1）分组画图：组内学生观察挂图（L 板）分析讨论，并画三视图。

（2）互评互学：引导同学从主视图选用，布局是否合理等几个方面，让组与组之间展开互评，然后学生针对自己存在的问题进行修改。

（3）老师点评：利用挂图对学生在画图中出现的问题进行分析强调。

（4）老师总结：

①正投影法的基本投影特性，投影法的分类。

②三视图的投影规律。

三、任务完成情况的评估

L 板的绘制过程，要求学生不仅能独立完成三视图的绘制，还能正确地分析出每个面在不同的投影面中的投影。

【知识链接】

一、视图的概念

简单地说，在物体后面放一张图纸，眼睛正对着图纸看物体，把看到的物体形状在图纸上反映出来。这里把平行的视线当作投影线，把图纸看作投影面，画在纸上的图形就是物体的投影，称为视图，这就是正投影法的形象说明。

准确地表达物体的形状、尺寸和技术要求的图，称为图样。在机械工程中使用的图样称为机械图样。机械制图是以机械图样作为研究对象的，即研究如何运用正投影基本原理，绘制和阅读机械工程图样的课程。图样是工厂组织生产、制造零件和装配机器的依据，是表达设计者设计意图的重要手段，是工程技术人员交流技术思想的重要工具，被誉为"工程界技术语言"。

一个视图不能确定物体的形状。如图 3-5 所示，两个形状不同的物体，它们在投影面上的投影都相同。因此，要反映物体的完整形状，必须增加由不同投影方向所得到的几个视图，互相补充，才能将物体表达清楚。生产中广泛采用的图样是用正投影法绘制的。

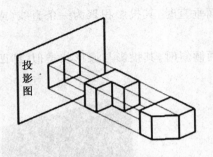

图 3-5　一个视图不能确定物体的形状

二、三视图的形成

（一）三投影面体系

三投影面体系由三个互相垂直的投影面所组成，如图 3-6 所示。

在三投影面体系中，三个投影面分别为：

正立投影面：简称为正面，用 V 表示。

水平投影面：简称为水平面，用 H 表示。

侧立投影面：简称为侧面，用 W 表示。

三个投影面的相互交线，称为投影轴。它们分别是：

OX 轴：是 V 面和 H 面的交线，它代表长度方向。

OY 轴：是 H 面和 W 面的交线，它代表宽度方向。

OZ 轴：是 V 面和 W 面的交线，它代表高度方向。

三个投影轴垂直相交的交点 O，称为原点。

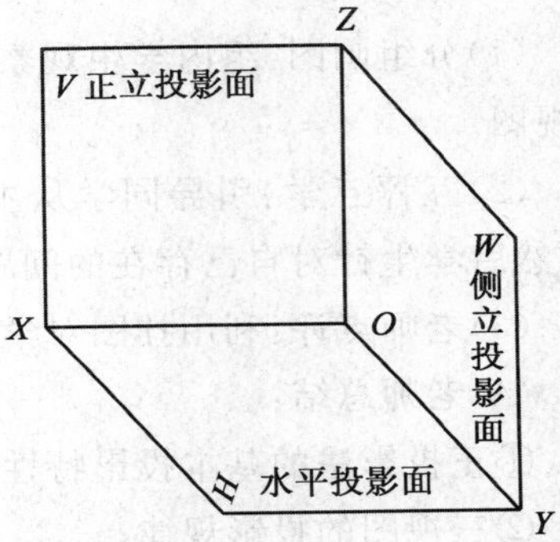

图 3-6　三投影面体系

（二）三视图的定义

将物体放在三投影面体系中，物体的位置处在人与投影面之间，然后将物体对各个投影面进行投影，得到三个视图 3-7（a），这样才能把物体的长、宽、高三个方向，上下、左右、前后六个方位的形状表达出来。

主视图：从前往后进行投影，在正立投影面（V 面）上所得到的视图。

俯视图：从上往下进行投影，在水平投影面（H 面）上所得到的视图。

左视图：从左往右进行投影，在侧立投影面（W 面）上所得到的视图。

（三）三视图的展开

在实际作图中，为了画图方便，需要将三个投影面在一个平面（纸面）上表示出来，规定使 V 面不动，H 面绕 OX 轴向下旋转 90°与 V 面重合，W 面绕 OZ 轴向右旋转 90°与 V 面重合，

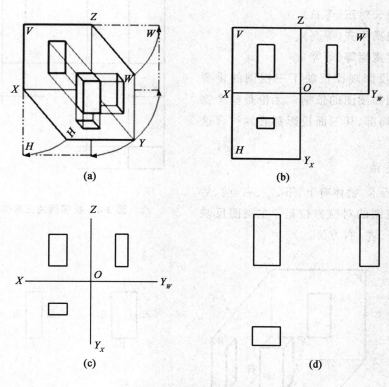

图 3-7　三视图的形成与展开

这样就得到了在同一平面上的三视图,如图 3-7(b)所示。

在这里应特别注意的是:同一条 OY 轴旋转后出现了两个位置,因为 OY 是 H 面和 W 面的交线,也就是两投影面的共有线,所以 OY 轴随着 H 面旋转到 OYH 的位置,同时又随着 W 面旋转到 OYW 的位置。为了作图简便,投影图中不必画出投影面的边框,如图 3-7(c)所示。由于画三视图时主要依据投影规律,所以投影轴也可以进一步省略,如图 3-7(d)所示。

三、三视图之间的对应关系

1. 位置关系

如图 3-8 所示,主视图在上方,俯视图在主视图的正下方,左视图在主视图的正右方。

2. 投影关系

主视图反映物体的长度和高度。

俯视图反映物体的长度和宽度。

左视图反映物体的高度和宽度。

归纳：

主视、俯视**长对正**（等长）。

主视、左视**高平齐**（等高）。

俯视、左视**宽相等**（等宽）。

三视图的投影规律反映了三视图的重要特性,也是画图和读图的依据。无论是整个物体还是物体的局部,其三面投影都必须符合这一规律。

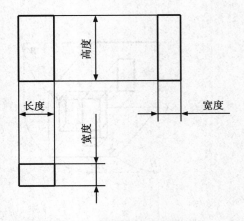

图 3-8　视图间的三等关系

3.方位关系

如图 3-9 所示,物体有上、下、左、右、前、后六个方位,与视图的对应方位是：主视图反映了物体的上、下、左、右方位。

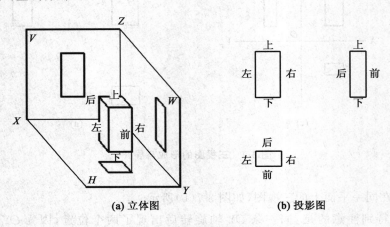

(a) 立体图　　　　　　**(b) 投影图**

图 3-9　三视图的方位关系

俯视图反映了物体的前、后、左、右方位。

左视图反映了物体的上、下、前、后方位。

注意：以主视图为中心,俯视图、左视图靠近主视图的一侧为物体的后面,远离主视图的一侧为物体的前面。

【知识拓展】

三视图的作图方法与步骤：

根据物体或轴测图画三视图时,首先应分析其结构形状,摆正物体,选好主视图的投射方向,再确定绘图比例和图纸幅面。

作图时,应先画出三视图的定位线。然后,通常从主视图入手,根据"长对正、高平齐、宽相等"的投影规律,按物体的组成部分依次画出俯视图和左视图。

任务二　长方体的拓展训练

【教学目标】

知识目标

1.掌握各种位置点、直线和平面的投影。

2.了解点和线、线和线、点和平面的位置关系。

3.掌握三投影面体系和三视图的形成、投影规律。

技能目标

1.培养学生识图和绘图的能力。

2.提高学生分析与解决问题的能力。

3.熟练绘制三视图。

【任务导入】

在任务一学习了 L 板的三视图绘制,在机械、建筑等制图中我们常用到各种和长方体相关的图样,需要我们能熟练绘制出其三视图。

【任务准备】

一、点的投影

1.点的投影及其标记

当投影面和投影方向确定时,空间一点只有唯一的一个投影。如图 3-10(a)所示,假设空间有一点 A,过点 A 分别向 H 面、V 面和 W 面作垂线,得到三个垂足 a、a'、a'',便是点 A 在三个投影面上的投影。

规定用大写字母(如 A)表示空间点,它的水平投影、正面投影和侧面投影,分别用相应的小写字母(如 a、a' 和 a'')表示。

根据三面投影图的形成规律将其展开,可以得到如图 3-10(b)所示的带边框的三面投影图,即得到点 A 两面投影;省略投影面的边框线,就得到如图 3-10(c)所示的 A 点的三面投影图。

2.不同位置点的投影

空间点对于由 V、H 和 W 面组成的投影体系有三种位置关系:

当点的 x、y、z 坐标均不为零时,点的三面投影均落在投影面内。

(1)当点的 x、y、z 坐标有一个为零时,空间点在投影面上,其两个投影落在投影轴上,特别值得注意的是,当点在 H 面上时,其 W 面的投影落在 Y 轴上,当按三视图的形成方法展开

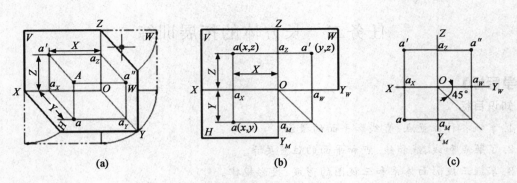

图 3-10　点的两面投影

投影体系时,其 W 面投影随 Y 轴一起绕 Z 轴向后旋转落在 Y_W 轴上。

　　(2)当点的 x、y、z 坐标均有两个为零时,空间点在投影轴上,其一个投影与原点重合。无论点在空间处于什么位置,其三面投影仍然遵守长对正、高平齐、宽相等的投影规律(图3-11)。

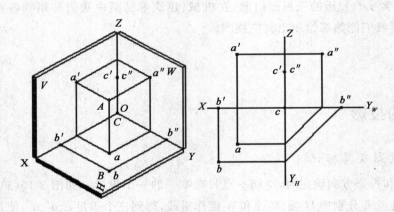

图 3-11　点的投影

二、直线的投影

　　空间直线对投影面有三种位置关系:平行、垂直和倾斜(一般位置)。

1.投影面垂直线

　　若空间直线垂直于一个投影面,则必平行于其他两个投影面,这样的直线称之为投影面垂直线,对于垂直于 V、H、W 面的直线分别称之为正垂线、铅垂线和侧垂线。投影面垂直线在其垂直的投影面上的投影积聚为一个点,其他两个投影面上的投影垂直于相应的投影轴,且反映实长。如表 3-1 所示。

表 3-1　投影面垂直线

铅垂线	正垂线	侧垂线
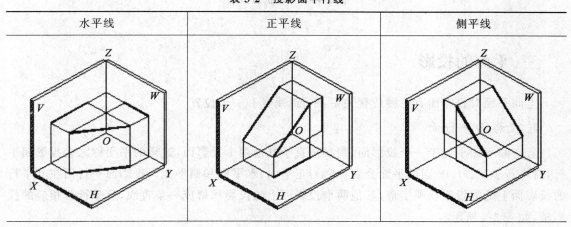		

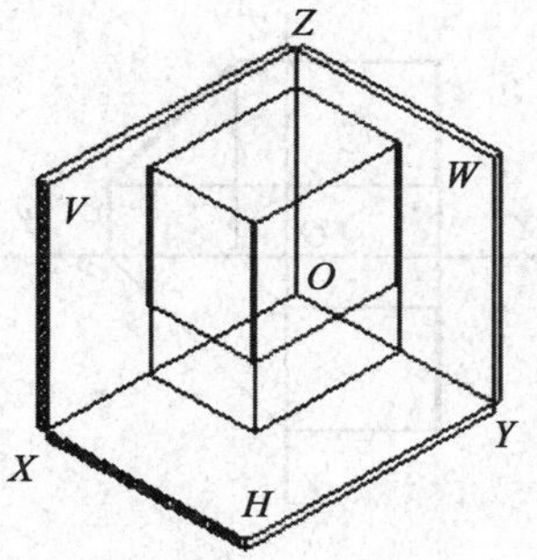

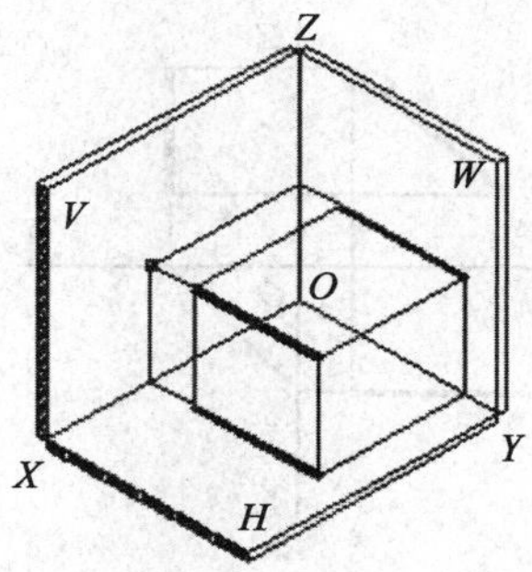

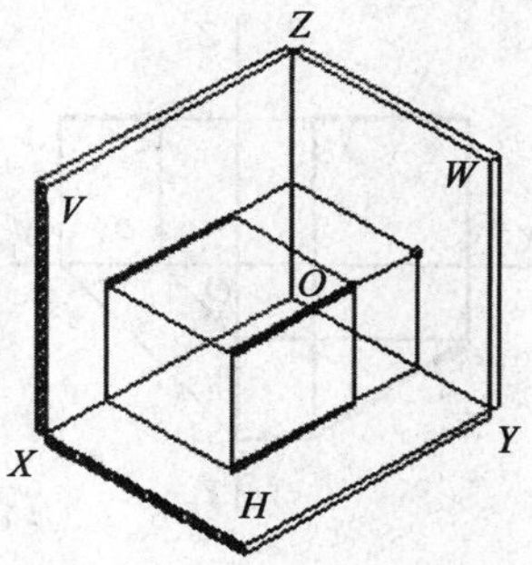

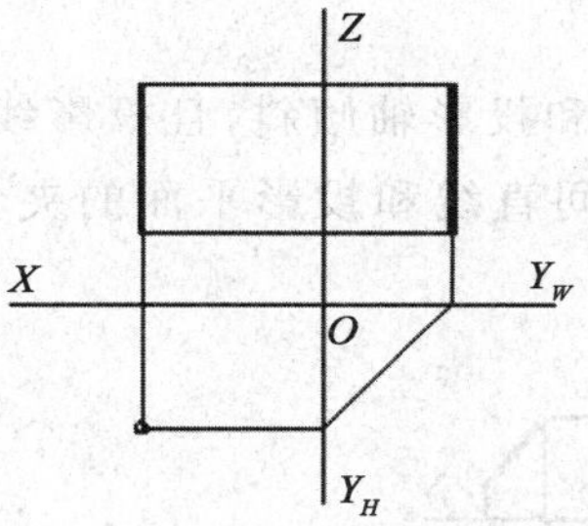

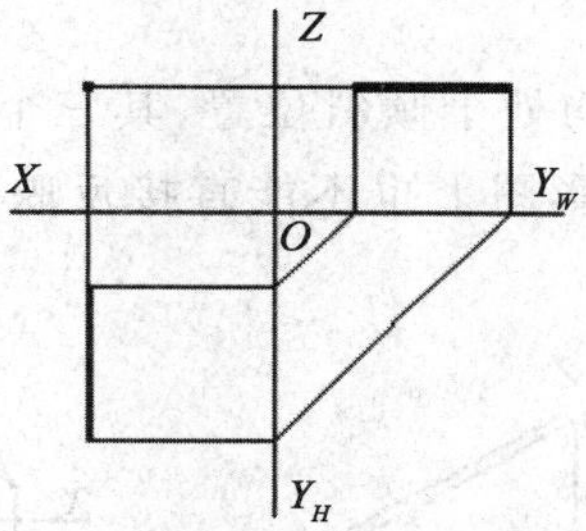

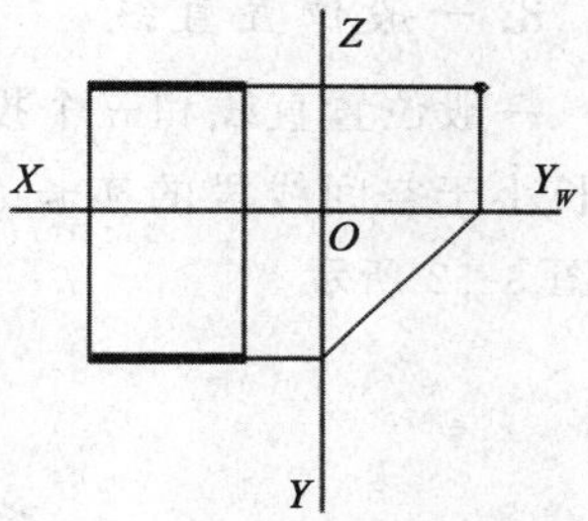

2.投影面平行线

若空间直线平行于一个投影面,倾斜于其他两个投影面,这样的直线称之为投影面平行线,按其平行于 V、H、W 面分别称之为正平线、水平线和侧平线。投影面平行线在其平行的投影面上的投影反映实长,其他两个投影面上投影垂直于相应的投影轴,且投影线段的长小于空间线段的实长。如表 3-2 所示。

表 3-2　投影面平行线

水平线	正平线	侧平线

续表 3-2

水平线	正平线	侧平线
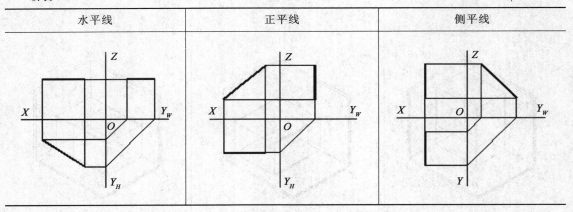		

3.一般位置直线

一般位置直线和三个投影面均处于倾斜位置,其三个投影和投影轴倾斜,且投影线段的长小于空间线段的实长。从投影图上也不能直接反映出空间直线和投影平面的夹角。如图 3-12 所示。

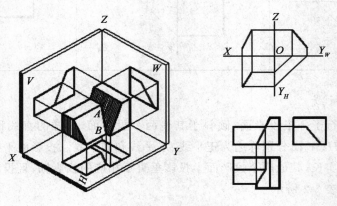

图 3-12　一般位置直线

三、平面的投影

空间平面对投影面有三种位置关系:平行、垂直和一般位置。

1.投影面平行面

若空间平面平行于一个投影面,则必垂直于其他两个投影面,这样的平面称之为投影面平行,对平行于 V、H、W 面的平面分别称之为正平面、水平面和侧平面。投影面平行面在其平行的投影面上的的投影反映实形,其他两个投影面上的投影积聚成一条直线,且平行于相应的投影轴,如表 3-3 所示。

表 3-3 投影面平行

水平面	正平面	侧平面

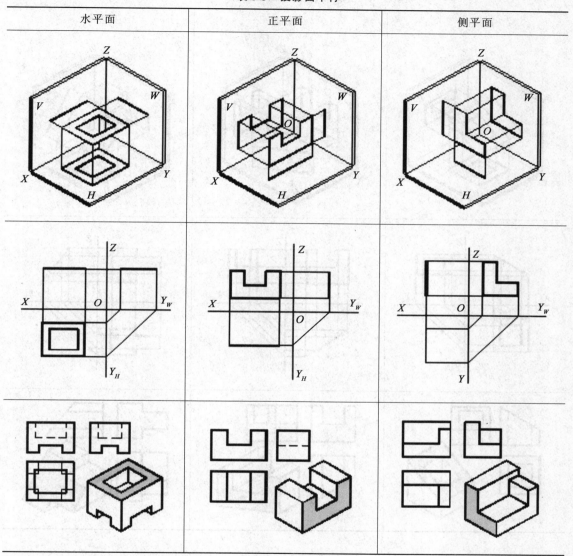

2. 投影面垂直面

若空间平面垂直于一个投影面,而倾斜于其他两个投影面,这样的平面称之为投影面垂直面,按垂直于 V、H、W 面的平面分别称之为正垂面、铅垂面和侧垂面。投影面垂直面在其垂直的投影面上的投影积聚成一条直线,该直线和投影轴的夹角反映了空间平面和其他两个投影面所成的二面角,其他两个投影面上的投影为类似形,如表 3-4 所示。

3. 一般位置平面

若空间平面和三个投影面均处于倾斜位置,称之为一般位置平面。一般位置平面在三个投影面上的投影均为类似形,在投影图上不能直接反映空间平面和投影面所成的二面角。如图 3-13 所示。

表 3-4　投影面垂直面

正垂面	铅垂面	侧垂面

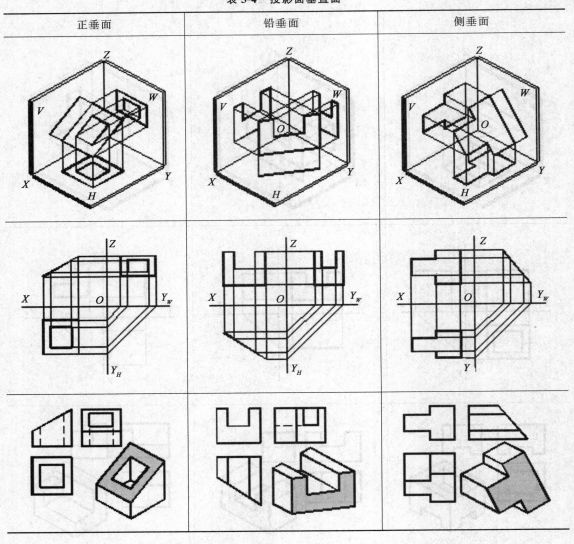

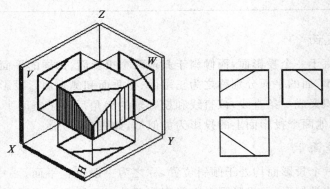

图 3-13　一般位置平面

【任务实施】

一、画图要求

先给出四个立体图(画图或 PPT 课件),如图 3-14 至图 3-17 所示,画出其三视图。

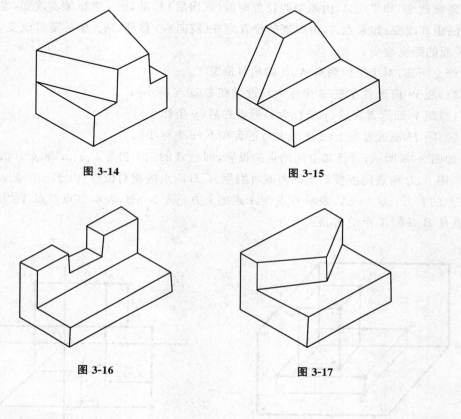

图 3-14　　　　　　　　　　　　　　图 3-15

图 3-16　　　　　　　　　　　　　　图 3-17

二、画图步骤

(1)分组画图:组内学生观察四个立体挂图分析讨论,并画三视图。

(2)互评互学:引导同学从主视图选用、布局是否合理等几个方面,让组与组之间展开互评,然后学生针对自己存在的问题进行修改。

(3)老师点评:利用挂图对学生在画图中出现的问题进行分析强调。

(4)老师总结:三视图的投影规律,强调在立体图中分析直线、平面的位置关系及投影。

三、任务完成情况的评估

通过练习,使学生熟练绘制出和长方体相关机件的三视图,并通过总结其投影规律达到举一反三的学习目的。

【知识链接】

一、两点的相对位置

设已知空间点 A，由原来的位置向上（或向下）移动，则 z 坐标随着改变，也就是 A 点对 H 面的距离改变；如果点 A，由原来的位置向前（或向后）移动，则 y 坐标随着改变，也就是 A 点对 V 面的距离改变；如果点 A，由原来的位置向左（或向右）移动，则 x 坐标随着改变，也就是 A 点对 W 面的距离改变。

综上所述，对于空间两点 A、B 的相对位置

（1）距 W 面远者在左（x 坐标大）；近者在右（x 坐标小）；

（2）距 V 面远者在前（y 坐标大）；近者在后（y 坐标小）；

（3）距 H 面远者在上（z 坐标大）；近者在下（z 坐标小）。

如图 3-18 所示，若已知空间两点的投影，即点 A 的三个投影 a、a'、a'' 和点 B 的三个投影 b、b'、b''，用 A、B 两点同面投影坐标差就可判别 A、B 两点的相对位置。由于 $xA > xB$，表示 B 点在 A 点的右方；$zB > zA$，表示 B 点在 A 点的上方；$yA > yB$，表示 B 点在点 A 的后方。总起来说，就是 B 点在 A 点的右、后、上方。

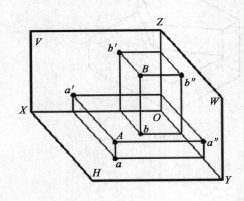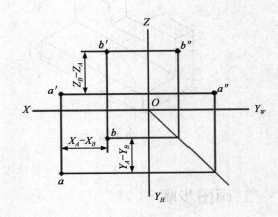

图 3-18   两点的相对位置

若空间两点在某一投影面上的投影重合，则这两点是该投影面的重影点。这时，空间两点的某两坐标相同，并在同一投射线上。

当两点的投影重合时，就需要判别其可见性，应注意：对 H 面的重影点，从上向下观察，z 坐标值大者可见；对 W 面的重影点，从左向右观察，x 坐标值大者可见；对 V 面的重影点，从前向后观察，y 坐标值大者可见。在投影图上不可见的投影加括号表示，如 (a')。

如图 3-19 中，C、D 位于垂直 H 面的投射线上，c、d 重影为一点，则 C、D 为对 H 面的重影点，z 坐标值大者为可见，图中 $ZC > ZD$，故 c 为可见，d 为不可见，用 $c(d)$ 表示。

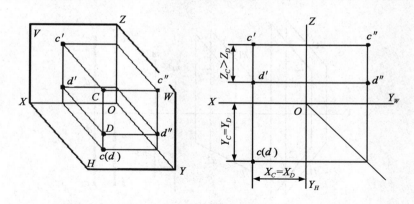

图 3-19　利用两点不重影的坐标大小判别重影点的可见性

二、点和直线的位置关系

点和直线的位置关系有两种：点在直线上和点不在直线上。若点在直线上，点的三面投影必落在直线的三面投影上，且点分空间线段所成的比等于点的投影所分线段的投影所成的比；若点不在直线上，则点的三个投影至少有一个投影不在直线的投影上。如图 3-20 所示。

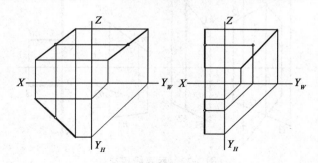

图 3-20　点和直线的位置关系

三、直线和直线的位置关系

直线和直线的位置关系有平行、相交、异面（交叉）和垂直 4 种。

1. 平行

若空间两直线平行，则其三投影必平行，当空间直线为一般位置直线时，若直线的两个投影对应平行，即可断定空间两直线平行；当空间直线为投影面平行线时，若两个投影对应平行，且其中一个投影反映两直线的实长，也可断定空间两直线平行，若两投影均不反映实长，则不能由两个投影断定空间直线平行；当空间两直线同时垂直于一个投影面时，两直线平行。如图 3-21 所示的直线中，$L1$ 和 $L2$、$K1$ 和 $K2$、$M1$ 和 $M2$、AB 和 CD 四对直线中只有一对直线不平行，你能断定是哪对直线吗？

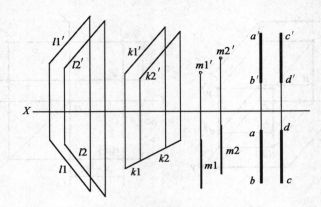

图 3-21　两直线平行

2. 相交

若空间两直线相交,则三个投影必相交,且交点符合点的投影规律,若三个投影必相交,但交点不符合点的投影规律,则空间两直线异面。图 3-22 中,$L1$ 和 $L2$、$K1$ 和 $K2$、$M1$ 和 $M2$、AB 和 CD 四对直线中只有一对直线不相交,你能断定是哪对直线吗?

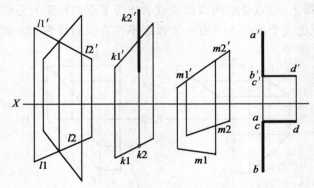

图 3-22　两直线相交

3. 异面

异面直线是非共面的两条直线,若其投影线段相交,则交点对应于异面直线上的不同点,称之为重影点,对重影点可见性的判断,可以帮助判断两直线的交叉关系。图 3-23 所示直线中,$L1$ 和 $L2$、$K1$ 和 $K2$、$M1$ 和 $M2$、$N1$ 和 $N2$ 四对直线中只有一对直线不是异面直线,你能断定是哪对直线吗?

4. 垂直

直线和直线垂直不是一种独立的位置关系,可分为垂直相交和垂直异面。空间互相垂直的两条直线(垂直相交或垂直异面),若两条直线都与某投影面倾斜,则两直线在该投影面上的投影不垂直,只有当两条直线中至少有一条直线平行于该投影面时,两直线在该投影面上的投影才垂直。图 3-24 所示直线中,$L1$ 和 $L2$、$K1$ 和 $K2$、$M1$ 和 $M2$、$N1$ 和 $N2$ 四对直线中只有一对直线不垂直,你能断定是哪对直线吗?

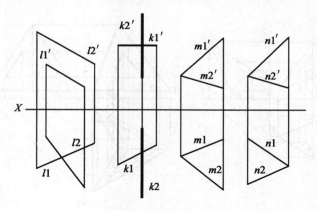

图 3-23　异面直线

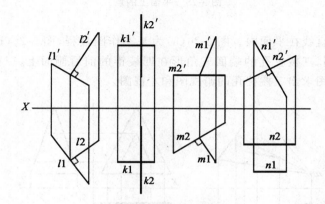

图 3-24　两直线垂直

【知识拓展】

一、点和平面的位置关系

　　点和平面的位置关系有两种(图 3-25):点在平面上和点不在平面上。若点在平面内的一条已知直线上,则点必在平面内。如图 3-25(b)所示的三棱锥,当钻出一个三棱柱孔时,三棱柱孔的两端面三角形在三棱锥的前后侧面上,可利用点在平面上的基本作图求出其 H 面投影和 W 面投影。

二、直线和平面的位置关系

　　直线和平面的位置关系有平行、相交和直线在平面内三种位置关系。直线与平面垂直是相交的特例。

　　1. 直线在平面内

　　若直线上的两点在平面内,则直线在平面内;过平面内的一个已知点,作平面内的一条已

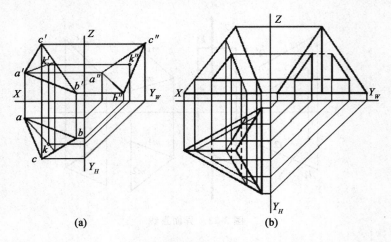

(a)　　　　　　　　　**(b)**

图 3-25　平面上的点

知直线的平行线,则直线在平面内。图 3-26(a)为基本作图过程,图 3-26(b)为四棱锥上钻一个三棱柱孔的三视图,三棱柱孔的端面三角形在四棱锥的前后侧面上,三棱柱孔的主视图已知,可用上述基本作图求出三棱柱孔的俯视图和左视图。

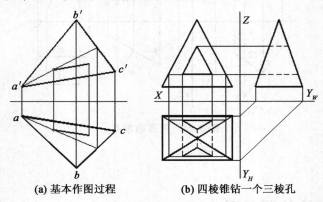

(a) 基本作图过程　　　　　　　**(b) 四棱锥钻一个三棱孔**

图 3-26　平面内的直线

2. 直线与平面平行

直线与平面平行的判定定理是直线平行于平面内的一条已知直线。过空间一点可以作无数条直线和已知平面平行,但过空间一点作已知平面的投影面平行线只能作一条。如图 3-27 所示,K 点可能在平面 ABC 内,也可能不在平面 ABC 内,若 K 点在平面 ABC 内,则 KL 在平面 ABC 内;若 K 点不在平面 ABC 内,则 KL 和平面 ABC 平行。

3. 直线和平面相交

直线和平面相交时,交点为直线和平面的公共点,若直线和平面两者中有一个对投影面处于垂直位置,则交点可直接求出,如图 3-28 所示;若两者对投影面均处于一般位置,则不能直接求出,我们不讨论这种情况。图 3-28(b)三棱柱和三棱柱交时的三视图,三棱柱和三棱柱的交线可理解为小三棱柱的三个侧棱和大三棱柱的两个侧面相交,用上述基本作图可求出其交点,然后根据可见性连线,即可得到三棱柱和三棱柱的交线。

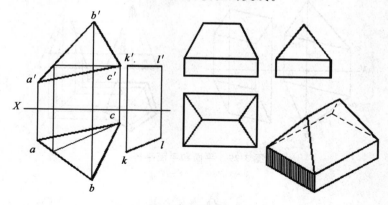

图 3-27　直线和平面平行

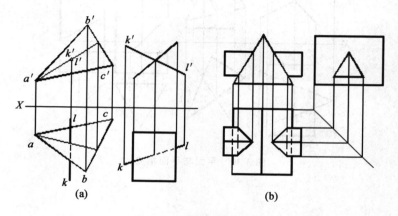

图 3-28　直线和平面相交

三、平面和平面的位置关系

平面和平面的位置关系有平行、相交两种情况,垂直是相交的特例。

1. 平面与平面平行

在一个平面内能作出两条相交直线平行于另一个平面,则两平面平行。过空间一点只能作一个平面平行于已知平面。如图 3-29 所示的五棱锥被水平面和侧平面切去一角后的三视图,水平截断面和五棱锥的底面平行。

2. 平面和平面相交

平面与平面相交时,其交线为两平面的公共线,若两平面均垂直于某投影面,则交线也垂直于该投影面;若两平面中一个为投影面垂直面,另一个为一般位置直线,则交线为一般位置直线。两平面中只要有一个垂直于投影面,则交线即可直接求出,如图 3-30 所示。若两平面均为一般位置直线,交线不能直接求出,我们不讨论这种情况。

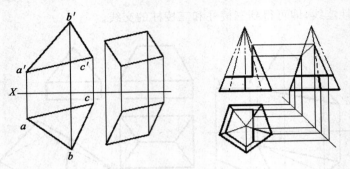

图 3-29　平面和平面平行

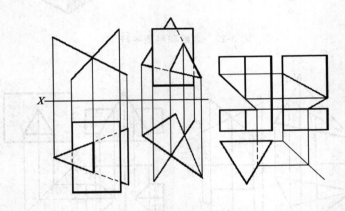

图 3-30　平面与平面相交

项目四 正六棱柱的相关画法

【学习目标】

1. 掌握正六边形的画法。
2. 了解正 n 边形的画法。
3. 掌握棱柱和棱锥及其表面上点的投影。
4. 了解轴测图的形成及基础知识。
5. 掌握棱柱和棱锥的轴测图画法。
6. 提高学生独立画三视图的能力。

任务一 正六棱柱三视图的绘制及表面取点

【教学目标】

知识目标

1. 掌握正六边形的画法。
2. 掌握正六棱柱的三视图画法及表面上点的投影。
3. 掌握正三棱锥的三视图画法及表面上点的投影。

技能目标

1. 掌握平面立体的投影特性,能绘制简单平面立体的三视图。
2. 学会平面立体三视图的绘制。

【任务导入】

机器上的零件,由于其作用不同而具有各种各样的结构形状,不管它们的形状如何复杂,都可以看成是由一些面包围而成的。这些几何体按其组成表面的性质可分为平面立体和曲面立体。

平面立体:表面都是由平面所构成的形体。如棱柱、棱锥,如图 4-1(a)(b)所示。

曲面立体:表面是由曲面和平面或者全部是由曲面构成的形体。如圆柱、圆锥,如图 4-1(c)(d)所示。

棱线:平面立体各表面的交线称为棱线。

棱柱:若平面立体所有棱线互相平行,称为棱柱。

棱锥:若平面立体所有棱线交于一点,称为棱锥。

在常用的机械零件中,有很多具有正六棱柱形状的零件结构,如六角头螺栓、六角头螺母、螺钉等。

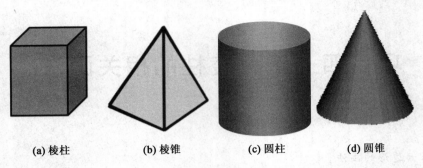

| (a) 棱柱 | (b) 棱锥 | (c) 圆柱 | (d) 圆锥 |

图 4-1　平面立体

【任务准备】

准备正六棱柱实物或模型及其三视图的挂图或多媒体投影,讲解六棱柱三视图形成原理及作图方法与步骤。

分析正六边形几何图形的特点,利用几何作图的方法,绘制正六边形,为画正六棱柱的三视图及其轴测图打基础。

一、圆的六等分(正六边形)的画法

方法一：用圆规作图

如图 4-2(a)所示,分别以已知圆在水平直径上的两处交点 A、D 为圆心,以 $R = D/2$ 作圆弧,与圆交于 B、C、D、E、F 点,依次连接 A、B、C、D、E、F 点即得圆内接正六边形。

方法二：用三角板作图

如图 4-2(b)所示,以 60°三角板配合丁字尺作平行线,画出四条边斜边,再以丁字尺作上、下水平边,即得圆内接正六边形。

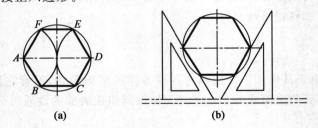

图 4-2　正六边形画法

二、圆的五等分(正五边形)的画法

步骤如下：

(1)作 OA 中点 M,图 4-3(a)所示;

(2)以 M 为圆心、$M1$ 为半径作弧交水平直径于 K,$1K$ 即为圆内接正五边形的边长,图 4-3(b)所示;

（3）自 1 点起，以 1K 为边长五等分圆周得点 2、3、4、5，则 1、2、3、4、5 即为圆的五等分点，依次连接各点，即得圆内接正五边形，图 4-3（c）所示。

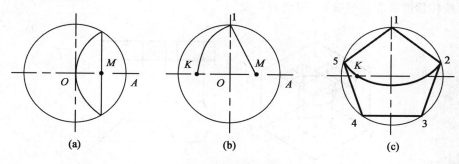

图 4-3 正五边形的画法

三、圆的七等分（正七边形）的画法

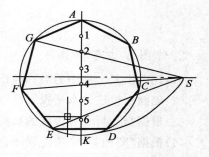

如图 4-4 所示，步骤如下：

（1）七等分铅垂直径 AK，以 A 点为圆心，AK 为半径作弧，交水平中心线于点 S；

（2）延长连线 S2、S4、S6，与圆周交得点 G、F、E；

（3）再作出它们的对称点，即可作出圆内接正 n 边形。

图 4-4 正七边形画法

【任务实施】

一、六棱柱的投影

1.形体分析

如图 4-5（a）所示为正六棱柱，是由上、下两个底面（正六边形）和六个棱面（长方形）组成。根据投影面平行面的投影特性，上、下底面与水平投影面平行，它们的水平投影重合并反映实形，正面及侧面投影积聚为两条相互平行的直线。六个棱面中的前、后两个为正平面，它们的正面投影反映实形，水平投影及侧面投影积聚为一直线。其他四个棱面均为铅垂面，根据投影面垂直面的投影特性，其水平投影均积聚为直线，正面投影和侧面投影均为类似形。

如图 4-5（b）所示为正六棱柱的三视图：

主视图：由三个长方形线框组成。中间的长方形线框反映前、后面的实形；左、右两个窄的长方形线框分别为六棱柱其余四个侧面的投影，由于它们不与正面 V 平行，因此投影不反映实形。顶、底面在主视图上的投影积聚为两条平行于 OX 轴的直线。

俯视图：六棱柱的俯视图为一正方形，反映顶、底面的实形。六个侧面垂直于水平面 H，它们的投影都积聚在正六边形的六条边上。

左视图：六棱柱的左视图由两个长方形线框组成。这两个长方形线框是六棱柱左边两个侧面的投影,且遮住了右边两个侧面。由于两侧面与侧投影面 W 面倾斜,因此投影不反映实形。六棱柱的前、后面在左视图上的投影有积聚性,积聚为右边和左边两条直线;上、下两条水平线是六棱柱顶面和底面的投影,积聚为直线。

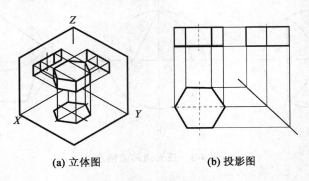

(a) 立体图　　　　　　　(b) 投影图

图 4-5　正六棱柱的投影

2.作图方法与步骤

(1)先画出三个视图的对称线作为基准线;

(2)先画六棱柱的水平投影;

(3)根据"长对正"和棱柱的高度画正面投影,并根据"高平齐"画侧面投影的高度线;

(4)根据"宽相等"完成左视图;

(5)检查并加深图线,完成作图。

正棱柱的投影特征:当棱柱的底面平行某一个投影面时,则棱柱在该投影面上投影的外轮廓为与其底面全等的正多边形,而另外两个投影则由若干个相邻的矩形线框所组成。

二、六棱柱表面上点的投影

如图 4-6(a)所示为正六棱柱在三投影面体系中的投影,求平面立体表面上点的投影的方法:

(1)首先应确定点位于立体的哪个平面上,并分析该平面的投影特性。

(2)根据正投影的从属性这一基本特性,则属于平面上的点,其投影仍属于该平面的投影。对于正六棱柱来说,因为正棱柱的各个面均为特殊位置面,均具有积聚性,因此,六棱柱表面上点的投影可利用特殊位置面具有积聚性的方法求得。

(3)平面立体上表面点的投影仍符合点的投影规律。

(4)判断可见性:若平面处于可见位置,则该面上点的同名投影也是可见的;反之,则为不可见。在平面积聚投影上点的投影,可以不必判别其可见性。

例:如图 4-6(a)所示,点 M 在正六棱柱的左前侧面 $ABCD$ 上,因平面 $ABCD$ 的水平投影具有积聚性,因此,点 M 的水平投影应在平面 $ABCD$ 的积聚性投影——直线 $ab(cd)$ 上,点 M 的正面或侧面投影可根据点的投影规律求得,因平面 $ABCD$ 的正面和侧面投影都可见,因此,点 M 的正面和侧面投影 m' 和 m'' 也是可见的,其投影如图 4-6(b)所示。

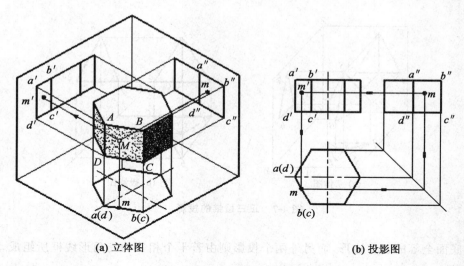

(a) 立体图　　　　　　　**(b) 投影图**

图 4-6　正六棱柱表面上点的投影

【知识链接】

一、正三棱锥的投影

1. 形体分析

棱锥的底面为多边形,各侧面为若干具有公共顶点的三角形,该点称为锥顶。当棱锥底面为正多边形,各侧面是全等的等腰三角形时,称为正棱锥。

如图 4-7(a)所示为一正三棱锥,它的表面由一个底面(正三边形)和三个侧棱面(等腰三角形)围成,设将其放置成底面与水平投影面平行,并有一个棱面垂直于侧投影面。

由于锥底面△ABC 为水平面,所以它的水平投影反映实形,正面投影和侧面投影分别积聚为直线段 $a'b'c'$ 和 $a''(c'')b''$。棱面△SAC 为侧垂面,它的侧面投影积聚为一段斜线 $s''a''(c'')$,正面投影和水平投影为类似形△$s'a'c'$ 和△sac,前者为不可见,后者可见。棱面△SAB 和△SBC 均为一般位置平面,它们的三面投影均为类似形。

棱线 SB 为侧平线,它的侧面投影反映棱线的实长;棱线 SA、SC 为一般位置直线,它们的三个投影均为缩短了的直线;棱线 AC 为侧垂线,它的侧面投影积聚为一点,水平投影反映实长;棱线 AB、BC 为水平线,其水平投影反映实长。

2. 作图方法与步骤,如图 4-7(b)所示

(1)画作图基准线。

(2)画三棱锥的水平投影和底面的另两个投影(均积聚为直线)。

(3)根据三棱锥的高,确定锥顶的三个投影。

(4)将锥顶和底面三个顶点的同面投影连接起来,即得正三棱锥的三视图。

(5)检查并加深图线,完成作图。

正棱锥的投影特征:当棱锥的底面平行某一个投影面时,则棱锥在该投影面上投影的外轮

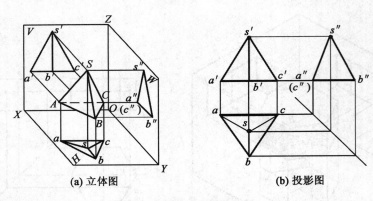

(a) 立体图　　　　　　　　　　**(b) 投影图**

图 4-7　正三棱锥的投影

廓为与其底面全等的正多边形,而另外两个投影则由若干个相邻的三角形线框所组成。

二、棱锥表面上点的投影

　　首先确定点位于棱锥的哪个平面上,再分析该平面的投影特性。若该平面为特殊位置平面,可利用投影的积聚性直接求得点的投影;若该平面为一般位置平面,可通过辅助线法求得。

　　如图 4-8(a)所示,已知正三棱锥表面上点 M 的正面投影 m'、点 P 的水平投影 p、点 N 的水平投影 n,求作 M、P、N 三点的其余投影。

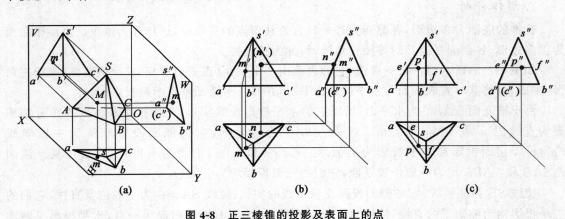

(a)　　　　　　　　**(b)**　　　　　　　　**(c)**

图 4-8　正三棱锥的投影及表面上的点

　　方法一:辅助线法(适用于属于一般位置平面上的点)。

　　(1)因为 m' 可见,因此可判断点 M 必定在 △SAB 上。△SAB 是一般位置平面,采用辅助线法,过点 M 及锥顶点 S 作一条直线 SK,与底边 AB 交于点 K,则直线 SK 的投影如图 4-8(b)所示,即:连接 $s'm'$ 交 $a'b'$ 于 k',根据点的投影规律求出点 K 的水平投影 k,连接 sk 即为直线 SK 的水平投影。由于点 M 属于直线 SK,根据点在直线上的从属性质可知 m 必在 sk 上,求出水平投影 m,再根据 m、m' 可求出 m''。

　　(2)棱锥表面上点的投影的另一种求法如图 4-8(c)所示,在 △SAB 上过点 P 作平行于 AB

的直线,分别交直线 SA、SB 于 E、F,求出直线 EF 的正面和侧面投影,也分别平行于投影 $a'b'$ 和 $a''b''$,则点 P 的正面和侧面投影 p' 和 p'' 也分别在 $e'f'$ 和 $e''f''$ 上。

方法二:利用点所在的面的积聚性法(适用于属于特殊平面上的点)。

因为点 N 不可见,故点 N 必定在棱面 $\triangle SAC$ 上。棱面 $\triangle SAC$ 为侧垂面,它的侧面投影积聚为直线段 $s''a''(c'')$,因此 n'' 必在 $s''a''(c'')$ 上,由 n、n'' 即可求出 n'。

小结:

(1)平面立体投影的作图可归结为绘制平面(立体表面)和(棱)线投影的作图。

(2)在立体表面上取点、取线的方法与在平面上取点、取线的方法相同。

(3)如果点或直线在特殊位置平面内,则作图时,可充分利用平面投影有积聚性的特点,由一个投影求出其另外两个投影。

(4)如果点或直线在一般位置平面内,则需过已知点的一个投影作辅助线,求出其他投影。

在绘图的过程中,让学生通过互相交流和讨论,甚至争论中提高学习兴趣,开阔思路,画完图后,让学生之间展开互评,然后学生针对自己存在的问题进行修改。最后让学生选出画得好的作品和进步大的同学,加上个人平时成绩。把评选出的好的作品贴在教室。这种评价本着发展学生个性和创新精神有利原则,评价方法灵活多样,结果多样化。利用实物或挂图,通过对知识的讲解,使学生掌握平面立体投影的特点和画法,并对学生画图时存在的问题进行解答。

任务二　正六棱柱截交线的作图

【教学目标】

知识目标

1.掌握正六棱柱截交线的求法。

2.掌握正三棱锥截交线的求法。

技能目标

1.掌握平面立体截交线的作图方法。

2.提高学生独立画三视图的能力。

【任务导入】

平面与立体相交,必然在立体表面上产生交线,通常我们把平面与立体相交在立体表面形成的交线称为截交线。与立体相交的平面称为截平面。截交线所围成的图形称为截断面或断面,如图 4-9 所示。

截交线基本性质:

(1)封闭性:由于基本体都占有一定的空间范围,所以截交线是封闭的平面图形。截交线通常为平面折线、平面曲线或平面曲线与直线组成。

(2)共有性:截交线即在截平面上,又在立体表面上,是截平面与立体表面共有点的集合。

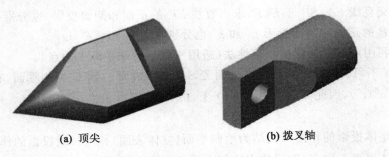

(a) 顶尖   (b) 拨叉轴

图 4-9   截交线

(3)截交线的形状取决于：①立体表面的几何形状；②截平面与立体的相对位置。

【任务准备】

一、求截交线的方法和步骤

1.求画截交线

求画截交线就是求画截平面与基本体表面的一系列共有点。求共有点的方法有：

(1)积聚性法：平面与立体相交，截平面处于特殊位置，截交线有一个或两个投影有积聚性，利用积聚性求截交线上共有点的投影。

(2)辅助面法：利用辅助平面使其与截平面和立体表面同时相交，求截交线上共有点。

2.作图步骤

(1)找出属于截交线上一系列的特殊点。

(2)求出若干一般点。

(3)判别可见性。

(4)顺次连接各点成折线或曲线。

整个分析过程要抓住截平面的位置分析。一是分析截平面和基本体的相对位置，以确定截交线的几何形状；二是分析截平面与投影面的相对位置，以确定其投影的形状。

二、正六棱柱的截交线

如图 4-10(a)所示的正六棱柱，用正垂面对其进行截切，求作截交线的水平投影和侧面投影。

1.形体分析

正六棱柱被正垂面 ABCDEF 截切，截交线的正面投影积聚成直线，反映切口特征；水平面投影积聚在正六边形上；侧面投影为六边形的类似形。

2.作图步骤如下

(1)画出完整的六棱柱的三视图。

（2）确定截平面位置，得到截平面与六棱柱侧棱线交点的正面投影；利用六棱柱水平积聚性投影求各交点的水平面投影；最后求出各交点的侧面投影，如图 4-10（b）所示。

（3）依次连接各点同名投影，得截交线投影。

（4）把被截切部分的轮廓线擦掉，检查并加深图线，完成作图，如图 4-10（c）所示。

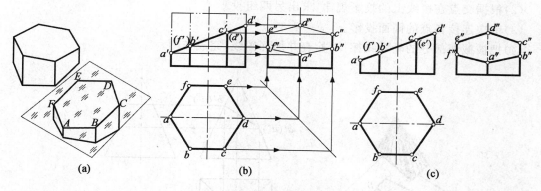

图 4-10　正六棱柱的截交线

【任务实施】

完成正六棱柱被切槽的三视图。

当用两个以上平面截切平面立体时，在立体上会出现切口、凹槽或穿孔等。作图时，只要作出各个截平面与平面立体的截交线，并画出各截平面之间的交线，就可作出这些平面立体的投影。

如图 4-11 所示，正六棱柱被侧平面和水平面切槽，求作其水平投影和侧面投影。

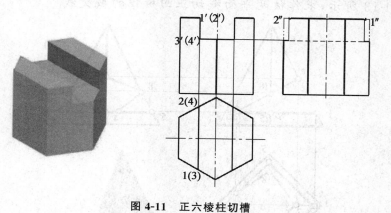

图 4-11　正六棱柱切槽

【知识链接】

棱锥的截交线

1. 如图 4-12（a）所示，求作被正垂面 P 斜切正四棱锥的截交线

分析：截平面与棱锥的四条棱线相交，可判定截交线是四边形，其四个顶点分别是四条棱

线与截平面的交点。因此,只要求出截交线的四个顶点在各投影面上的投影,然后依次连接各顶点的同名投影,即得截交线得投影。

作图步骤如图 4-12(b)所示:

(1)利用截平面 P 正面投影的积聚性,求出其与各棱线交点的正面投影 a'、b'、c'、d'。

(2)根据交点在棱线上的投影规律,求出另两组投影。

(3)依次连接各点的同面投影。

(4)把被截切部分的轮廓线擦掉,检查并加深图线,完成作图。

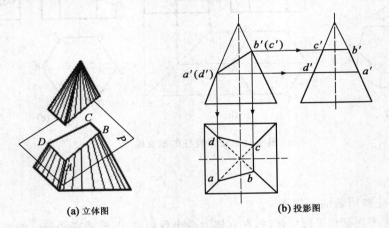

(a) 立体图　　　　　　　　(b) 投影图

图 4-12　四棱锥的截交线

2.如图 4-13 所示,求作被两平面截切正四棱锥的截交线

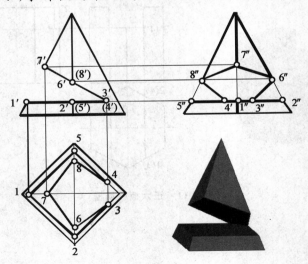

图 4-13　正四棱锥被两平面截切

任务三　正六棱柱的正等轴测图画法

【教学目标】

知识目标

1.了解轴测图的形成及基础知识。

2.掌握正六棱柱的正等轴测图画法。

技能目标

1.掌握轴测图画法。

2.提高学生独立画三视图的能力。

3.提高学生分析与解决问题的能力。

4.培养学生识图和绘图的能力。

【任务导入】

用正投影的方法绘制的三面投影图。它不仅能够准确表达物体的形状和位置关系,度量好,而且画图简便。但由于这种图立体感不强,缺乏读图能力的人很难看懂。而用单面投影表达物体空间结构形状的轴测图能同时反映出物体长、宽、高三个方向的尺度,直观性好,立体感强,但度量性差,不能确切表达物体真实的大小和形状,并且作图较正投影复杂,如图 4-14 所示。所以,在机械工程中常用其作为辅助图形来表达机器的外观效果和内部结构以及对产品的拆装、使用和维修的说明等。在制图教学中,轴测图也是发展空间构思能力的手段之一,通过画轴测图可以帮助想象物体的形状,培养空间想象能力。

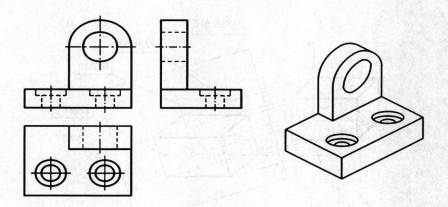

图 4-14　三面投影图与轴测图的对比

【任务准备】

一、轴测图的基本知识

如图 4-15(a)所示,立方体的正面平行于轴测投影面,其投影是个正方形。将立方体按图示 4-15(b)的位置平转 45°,这时得到的投影是两个相连的长方形。再将立方体向正前方旋转约 35°,就得到 4-15(c),这时立方体的三根坐标轴与轴测投影面都倾斜呈相同的角度,所得到的投影是由三个全等的菱形构成的图形,这就是立方体的正等测。

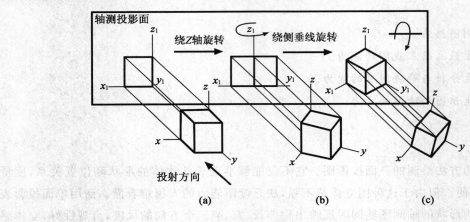

图 4-15　正等测的形成

将空间物体连同确定其位置的直角坐标系,沿不平行于任一坐标平面的方向,用平行投影法投射在某一选定的单一投影面上所得到的具有立体感的图形,称为轴测投影图,简称轴测图,如图 4-16 所示。

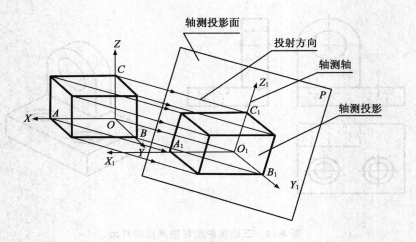

图 4-16　轴测图

(一)轴间角和轴向伸缩系数

如图 4-16 所示,在轴测投影中,我们把选定的投影面 P 称为轴测投影面;把空间直角坐标轴 OX、OY、OZ 在轴测投影面上的投影 O_1X_1、O_1Y_1、O_1Z_1 称为轴测轴;把两轴测轴之间的夹角 $\angle X_1O_1Y_1$、$\angle Y_1O_1Z_1$、$\angle X_1O_1Z_1$ 称为轴间角;轴测轴上的单位长度与空间直角坐标轴上对应单位长度的比值,称为轴向伸缩系数。OX、OY、OZ 的轴向伸缩系数分别用 p、q、r 表示,即 $p = O_1A_1/OA$,$q = O_1B_1/OB$,$r = O_1C_1/OC$。轴间角与轴向伸缩系数是绘制轴测图的两个主要参数。

(二)轴测图的种类

1. 按照投影方向与轴测投影面的夹角的不同,轴测图可以分为

(1)正轴测图——轴测投影方向(投影线)与轴测投影面垂直时投影所得到的轴测图。

(2)斜轴测图——轴测投影方向(投影线)与轴测投影面倾斜时投影所得到的轴测图。

2. 按照轴向伸缩系数的不同,轴测图可以分为

(1)正(或斜)等测轴测图。正(或斜)等测轴测图 X、Y、Z 轴的轴向伸缩系数相等,即 $p = q = r$。

(2)正(或斜)二等测轴测图。正(或斜)二等测轴测图有两个轴的轴向伸缩系数相等,即 $p = r \neq q$,或 $q = r \neq p$。

(3)正(或斜)三等测轴测图。正(或斜)三等测轴测图 X、Y、Z 轴的轴向伸缩系数均不相等,即 $p \neq q \neq r$。

(三)轴测图的基本性质

(1)物体上互相平行的线段,在轴测图中仍互相平行;物体上平行于坐标轴的线段,在轴测图中仍平行于相应的轴测轴,且同一轴向所有线段的轴向伸缩系数相同。

(2)物体上不平行于坐标轴的线段,可以用坐标法确定其两个端点然后连线画出。

(3)物体上不平行于轴测投影面的平面图形,在轴测图中变成原形的类似形。如长方形的轴测投影为平行四边形,圆形的轴测投影为椭圆等。

本任务只介绍平面立体的正等轴测图和斜二轴测图的画法。

二、正等轴测图的形成及参数

如图 4-17(a)所示,如果使三条坐标轴 OX、OY、OZ 对轴测投影面处于倾角都相等的位置,把物体向轴测投影面投影,这样所得到的轴测投影就是正等测轴测图,简称正等测图。

图 4-17(b)表示了正等测图的轴测轴、轴间角和轴向伸缩系数等参数及画法。从图中可以看出,正等测图的轴间角均为 120°,且三个轴向伸缩系数相等。经推证并计算可知 $p = q = r1 = 0.82$。为作图简便,实际画正等测图时采用 $p = q = r = 1$ 的简化伸缩系数画图,即沿各轴向的所有尺寸都按物体的实际长度画图。但按简化伸缩系数画出的图形比实际物体放大了 $1/0.82 \approx 1.22$ 倍。

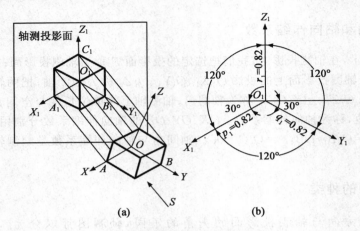

图 4-17　正轴测图的形成及参数

【任务实施】

坐标法求作正六棱柱的正等轴测图。

坐标法是轴测图常用的基本作图方法,它是根据坐标关系,先画出物体特征表面上各点的轴测投影,然后由各点连接物体特征表面的轮廓线,来完成正等轴测图。

如图 4-18 所示,已知正六棱柱的主、俯视图,画出其正等轴测图。

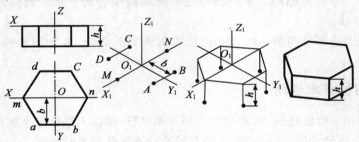

图 4-18　正六棱柱的正等轴测图

作图方法与步骤如下:

(1)在三视图上确定直角坐标系,选顶面中心点作为坐标原点,棱柱的轴线作为 OZ 轴,顶面的两条对称线作为 OX、OY 轴。

(2)画出坐标轴的轴测投影,根据各顶点的坐标分别找出正六棱柱的各个顶点的轴测投影,连接六点得正六边形顶面,依次连接各顶点即可。

(3)根据平行性,以六个顶点为起点,做平行于 OZ 轴的直线,截取正六棱柱高,定出底面上的点,并顺次连线。

(4)擦去作图线,加深轮廓线,完成轴测图。

【知识链接】

斜二轴测图

1. 斜二轴测图的形成

如图 4-19(a)所示,如果使物体的 XOZ 坐标面对轴测投影面处于平行的位置,采用平行斜投影法也能得到具有立体感的轴测图,这样所得到的轴测投影就是斜二等测轴测图,简称斜二轴测图。

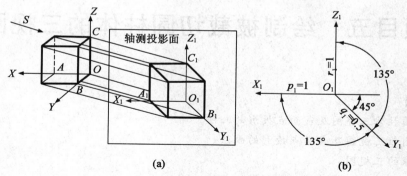

图 4-19　斜二轴测图的形成及参数

2. 斜二轴测图的参数

图 4-19(b)表示斜二测图的轴测轴、轴间角和轴向伸缩系数等参数及画法。从图中可以看出,在斜二测图中,$O_1X_1 \perp O_1Z_1$ 轴,O_1Y_1 与 O_1X_1、O_1Z_1 的夹角均为 $135°$,三个轴向伸缩系数分别为 $p_1 = r_1 = 1$,$q_1 = 0.5$。

3. 斜二轴测图的画法

斜二轴测图的画法与正等轴测图的画法基本相似,区别在于轴间角不同以及斜二轴测图沿 O_1Y_1 轴的尺寸只取实长的一半。在斜二轴测图中,物体上平行于 XOZ 坐标面的直线和平面图形均反映实长和实形,所以,当物体上有较多的圆或曲线平行于 XOZ 坐标面时,采用斜二测图比较方便。

举例:画四棱台的斜二轴测图,作图方法与步骤如图 4-20 所示。

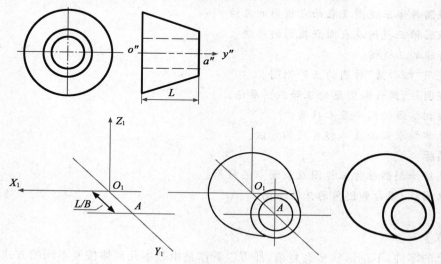

图 4-20　斜二轴测图的形成及参数

项目五　绘制被截切圆柱体的三视图

【学习目标】

1. 掌握圆柱体三视图及表面点投影的画法。
2. 掌握圆锥三视图及表面点投影的画法。
3. 了解球的三视图。
4. 掌握用"四心法"作圆的正等测图。
5. 掌握圆柱、圆台和圆角的正等测图画法。
6. 掌握被截切圆柱体三视图的画法。
7. 掌握圆锥体及圆球的截交线画法。
8. 掌握被截切正四棱柱的三视图画法。
9. 了解相贯线的两个基本性质。
10. 熟练掌握求曲面立体相贯线的方法。

任务一　掌握圆柱体相关的画法

【教学目标】

知识目标

1. 掌握圆柱体三视图及表面点投影的画法。
2. 掌握圆锥三视图及表面点投影的画法。
3. 了解球的三视图。
4. 掌握用"四心法"作圆的正等测图。
5. 掌握圆柱、圆台和圆角的正等测图画法。
6. 了解相贯线的两个基本性质。
7. 熟练掌握求曲面立体相贯线的方法。

技能目标

1. 能熟练绘制圆柱体三视图及表面点的投影。
2. 会画圆柱、圆台和圆角的正等测图。

【任务导入】

机器上的零件,不论形状多么复杂,都可以看作是由基本几何体按照不同的方式组合而成的。基本几何体——表面规则而单一的几何体。按其表面性质,可以分为平面立体和曲面立体两类。曲面立体——立体表面全部由曲面或曲面和平面所围成的立体,如圆柱、圆锥、圆球等(出示模型给学生看)。曲面立体也称为回转体。

【任务准备】

一、圆柱体的投影

圆柱表面由圆柱面和两底面所围成。圆柱面可看作一条直母线 AB 围绕与它平行的轴线回转而成。圆柱面上任意一条平行于轴线的直线，称为圆柱面的素线。

画图时，一般常使它的轴线垂直于某个投影面。

举例：如图 5-1(a)所示，圆柱的轴线垂直于侧面，圆柱面上所有素线都是侧垂线，因此圆柱面的侧面投影积聚成为一个圆。圆柱左、右两个底面的侧面投影反映实形并与该圆重合。两条相互垂直的点划线，表示确定圆心的对称中心线。圆柱面的正面投影是一个矩形，是圆柱面前半部与后半部的重合投影，其左右两边分别为左右两底面的积聚性投影，上、下两边 $a'a'_1$、$b'b'_1$ 分别是圆柱最上、最下素线的投影。最上、最下两条素线 AA_1、BB_1 是圆柱面由前向后的转向线，是正面投影中可见的前半圆柱面和不可见的后半圆柱面的分界线，也称为正面投影的转向轮廓素线。同理，可对水平投影中的矩形进行类似的分析。

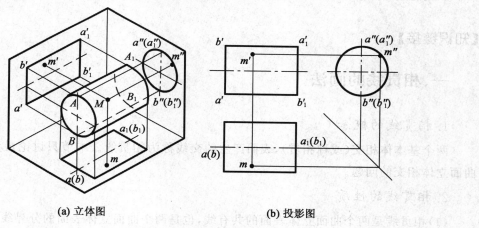

(a) 立体图　　　　　**(b) 投影图**

图 5-1　圆柱的投影及表面上的点

总结圆柱的投影特征：当圆柱的轴线垂直某一个投影面时，必有一个投影为圆形，另外两个投影为全等的矩形。

二、圆柱面上点的投影

方法：利用点所在的面的积聚性法。（因为圆柱的圆柱面和两底面均至少有一个投影具有积聚性。）

举例：如图 5-1(b)所示，已知圆柱面上点 M 的正面投影 m'，求作点 M 的其余两个投影。

因为圆柱面的投影具有积聚性，圆柱面上点的侧面投影一定重影在圆周上。又因为 m' 可见，所以点 M 必在前半圆柱面的上边，由 m' 求得 m''，再由 m' 和 m'' 求得 m。

【任务实施】

一、画图要求

学生掌握圆柱体三视图及表面点投影的画法,并能独立画图,灵活运用。

二、画图过程

讲课时利用模型或课件,教师边画图边讲解作图方法与步骤;练习时采用师生同步作图的教学方法和由学生分组研究体会的实践学习方法。

三、任务完成情况的评估

学生能画出图形,掌握圆柱体的相关画法,并灵活运用。

【知识链接】

一、相贯线的画法

1. 相贯线的概念

两个基本体相交(或称相贯),表面产生的交线称为相贯线。本节只讨论最为常见的两个曲面立体相交的问题。

2. 相贯线的性质

(1)相贯线是两个曲面立体表面的共有线,也是两个曲面立体表面的分界线。相贯线上的点是两个曲面立体表面的共有点。

(2)两个曲面立体的相贯线一般为封闭的空间曲线,特殊情况下可能是平面曲线或直线。

求两个曲面立体相贯线的实质就是求它们表面的共有点。作图时,依次求出特殊点和一般点,判别其可见性,然后将各点光滑连接起来,即得相贯线。

3. 相贯线的画法

两个相交的曲面立体中,如果其中一个是柱面立体(常见的是圆柱面),且其轴线垂直于某投影面时,相贯线在该投影面上的投影一定积聚在柱面投影上,相贯线的其余投影可用表面取点法求出。如图 5-2(a)所示,求正交两圆柱体的相贯线。

分析:两圆柱体的轴线正交,且分别垂直于水平面和侧面。相贯线在水平面上的投影积聚在小圆柱水平投影的圆周上,在侧面上的投影积聚在大圆柱侧面投影的圆周上,故只需求作相贯线的正面投影。

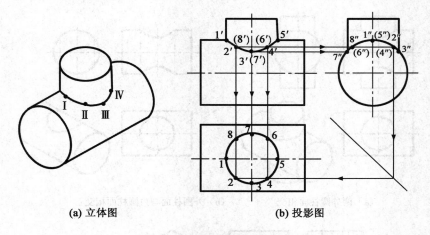

(a) 立体图　　　　　　**(b) 投影图**

图 5-2　正交两圆柱的相贯线

相贯线的作图步骤较多,如对相贯线的准确性无特殊要求,当两圆柱垂直正交且直径有相差时,可采用圆弧代替相贯线的近似画法。如图 5-3 所示,垂直正交两圆柱的相贯线可用大圆柱的 $D/2$ 为半径作圆弧来代替。

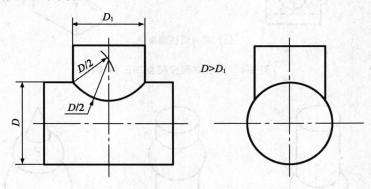

图 5-3　相贯线的近似画法

两圆柱正交有三种情况:①两外圆柱面相交;②外圆柱面与内圆柱面相交;③两内圆柱面相交。这三种情况的相交形式虽然不同,但相贯线的性质和形状一样,求法也是一样的。如图 5-4 所示。

4. 相贯线的特殊情况

两曲面立体相交,其相贯线一般为空间曲线,但在特殊情况下也可能是平面、曲线或直线。

(1)两个曲面立体具有公共轴线时,相贯线为与轴线垂直的圆,如图 5-5 所示。

(2)当正交的两圆柱直径相等时,相贯线为大小相等的两个椭圆(投影为通过两轴线交点的直线),如图 5-6 所示。

(3)当相交的两圆柱轴线平行时,相贯线为两条平行于轴线的直线,如图 5-7 所示。

曲面立体的正等轴测图关键在于掌握圆的画法。平行于各坐标面的圆(投影面上的圆),在正等轴测图中为椭圆,要注意平行不同坐标面的圆,其长短轴方向是不同的。

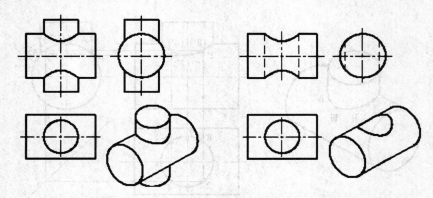

(a) 两外圆柱面相交　　　　(b) 外圆柱面与内圆柱面相交

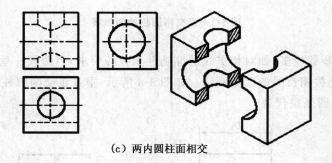

(c) 两内圆柱面相交

图 5-4　两正交圆柱相交的三种情况

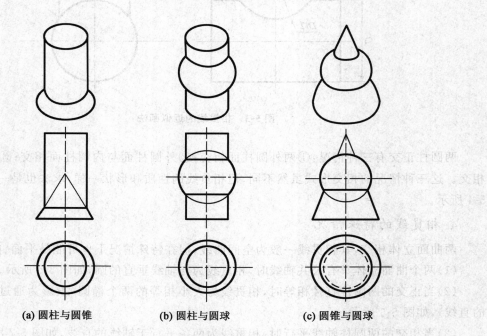

(a) 圆柱与圆锥　　　　(b) 圆柱与圆球　　　　(c) 圆锥与圆球

图 5-5　两个同轴回转体的相贯线

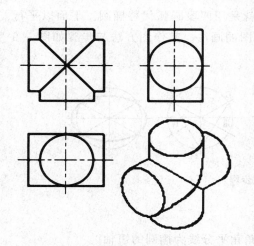

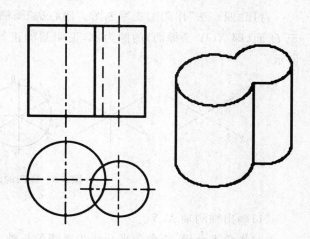

图 5-6　正交两圆柱直径相等时的相贯线　　　　图 5-7　相交两圆柱轴线平行时的相贯线

二、曲面立体的正等测图

1.圆的正等测图

平行于坐标面的圆的正等测图都是椭圆,除了长短轴的方向不同外,画法都是一样的,如图 5-8 所示。

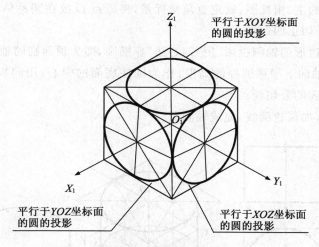

图 5-8　三种不同位置的圆的正等测图

作圆的正等测图时,必须弄清椭圆的长短轴的方向。分析图 5-8 所示的图形(图中的菱形为与圆外切的正方形的轴测投影)即可看出,椭圆长轴的方向与菱形的长对角线重合,椭圆短轴的方向垂直于椭圆的长轴,即与菱形的短对角线重合。

概括起来就是:平行坐标面的圆(视图上的圆)的正等测投影是椭圆,椭圆长轴垂直于不包括圆所在坐标面的那根轴测轴,椭圆短轴平行于该轴测轴。

常用"四心法"作圆的正等测图,"四心法"画椭圆就是用四段圆弧代替椭圆。下面以平行于 H 面(即 XOY 坐标面)的圆为例,说明圆的正等测图的画法。其作图方法与步骤如图 5-9 所示。

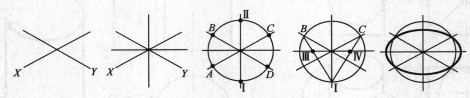

图 5-9 椭圆的画图步骤

(1)画出轴测轴 X、Y。

(2)作角平分线,小角角平分线为椭圆的长轴,大角角平分线为椭圆的短轴。

(3)以长短轴的交点为圆心,圆的半径为半径画圆弧,交轴测轴 X、Y 于点 A、B、C、D 即为椭圆四个切点,于大角角平分线交于Ⅰ、Ⅱ即为椭圆中大圆弧的圆心。

(4)连 BⅠ和 CⅠ分别交长轴于Ⅲ、Ⅳ两点即为椭圆中小圆弧的圆心。

(5)分别以Ⅰ、Ⅱ为圆心,BⅠ为半径画两大弧;分别以Ⅲ、Ⅳ为圆心,BⅢ为半径画两小弧。

2. 圆柱的正等测图

如图 5-10 所示为圆柱体的正等轴测图。

作图方法与步骤如下:

(1)已知圆柱体的主、俯视图,确定直角坐标系,将原点 O 放在圆柱体的顶面圆心上,并在俯视图中作出圆的外切正四边形。

(2)作外切正四边形的轴测投影,用"四心法"作椭圆,即为顶面圆的轴测投影。

(3)将 O_1 沿 Z 轴向下平移圆柱的高度,作为圆柱底面的中心,用同样方法绘制底面圆的轴测图,作上下两椭圆的公切线。

(4)擦去作图线,加深轮廓线,完成轴测图。

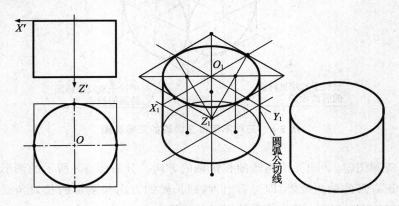

图 5-10 圆柱体的正等轴测图

3. 圆台的正等测图

作图方法与步骤如下：

（1）在已知的视图上确定直角坐标系，选择圆台大圆底面中心点作为坐标原点，圆台轴线方向作为 OY 轴，底面圆两条对称中线作为 OX、OZ 轴。

（2）画出坐标轴的轴测投影，根据圆台顶面和底面位置关系作出顶面圆和底面圆的轴测投影，作切线连接两圆即可。

（3）擦去作图线，加深轮廓线，完成轴测图。

如图 5-11 所示，作图时，先分别作出其顶面和底面的椭圆，再作其公切线即可。

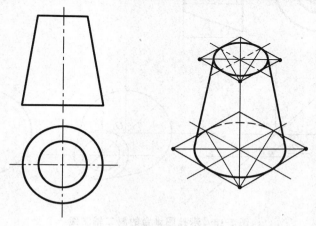

图 5-11 圆台的正等测图

4. 圆角的正等测图

圆角相当于 1/4 的圆周，因此，圆角的正等测图，正好是近似椭圆的四段圆弧中的一段。作图时，可简化成如图 5-12 所示的画法，边画图边讲解作图步骤。

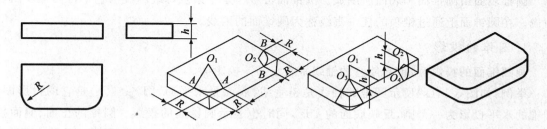

图 5-12 圆角的正等测图

强调：在画曲面立体的正等测图时，一定要明确圆所在平面与哪一个坐标面平行，才能确保画出的椭圆正确。画同轴并且相等的椭圆时，要善于应用移心法以简化作图和保持图面的清晰。

三、曲面立体的斜二测图

当物体上有较多的圆或曲线平行于 XOZ 坐标面时,采用斜二测图比较方便。

如图 5-13 所示,作带孔圆锥台的斜二轴测图。

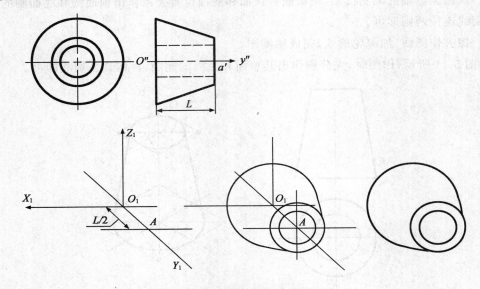

图 5-13　带孔圆锥台的斜二轴测图

【知识拓展】

一、圆锥

圆锥表面由圆锥面和底面所围成。圆锥面可看作是一条直母线围绕与它平行的轴线回转而成。在圆锥面上通过锥顶的任一直线称为圆锥面的素线。

1.圆锥的投影

画圆锥面的投影时,也常使它的轴线垂直于某一投影面。

举例:如图 5-14(a)所示圆锥的轴线是铅垂线,底面是水平面,图 5-14(b)是它的投影图。圆锥的水平投影为一个圆,反映底面的实形,同时也表示圆锥面的投影。圆锥的正面、侧面投影均为等腰三角形,其底边均为圆锥底面的积聚投影。正面投影中三角形的两腰 $s'a'$、$s'c'$ 分别表示圆锥面最左、最右轮廓素线 SA、SC 的投影,它们是圆锥面正面投影可见与不可见的分界线。SA、SC 的水平投影 sa、sc 和横向中心线重合,侧面投影 $s''a''(c'')$ 与轴线重合。同理可对侧面投影中三角形的两腰进行类似的分析。

总结圆锥的投影特征:当圆锥的轴线垂直某一个投影面时,则圆锥在该投影面上投影为与其底面全等的圆形,另外两个投影为全等的等腰三角形。

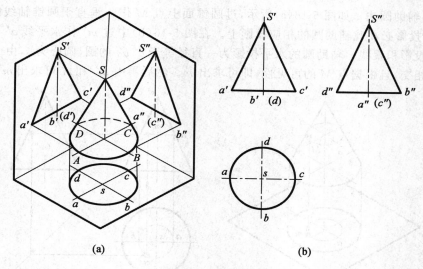

图 5-14　圆锥的投影

2. 圆锥面上点的投影

作图时的方法：①辅助线法；②辅助圆法。

举例：如图 5-15 所示，已知圆锥表面上 M 的正面投影 m'，求作点 M 的其余两个投影。因为 m' 可见，所以 M 必在前半个圆锥面的左边，故可判定点 M 的另两面投影均为可见。作图方法有两种：

作法一：辅助线法　如图 5-15(a) 所示，过锥顶 S 和 M 作一直线 SA，与底面交于点 A。点 M 的各个投影必在此 SA 的相应投影上。在图 5-15(b) 中过 m' 作 $s'a'$，然后求出其水平投影 sa。由于点 M 属于直线 SA，根据点在直线上的从属性质可知 m 必在 sa 上，求出水平投影 m，再根据 m、m' 可求出 m''。

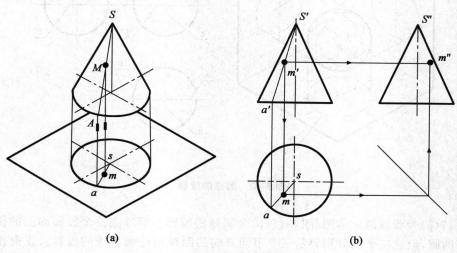

图 5-15　用辅助线法在圆锥面上取点

　　作法二:辅助圆法　　如图 5-16(a)所示,过圆锥面上点 M 作一垂直于圆锥轴线的辅助圆,点 M 的各个投影必在此辅助圆的相应投影上。在图 5-16(b)中过 m' 作水平线 $a'b'$,此为辅助圆的正面投影积聚线。辅助圆的水平投影为一直径等于 $a'b'$ 的圆,圆心为 s,由 m' 向下引垂线与此圆相交,且根据点 M 的可见性,即可求出 m。然后再由 m' 和 m 可求出 m''。

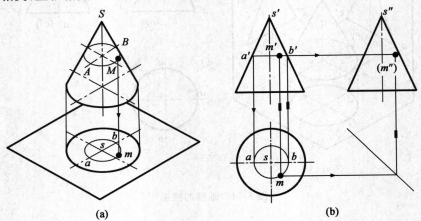

图 5-16　用辅助圆法在圆锥面上取点

二、圆球

　　圆球的表面是球面,如图 5-17(a)所示,圆球面可看作是一条圆母线绕通过其圆心的轴线回转而成的。

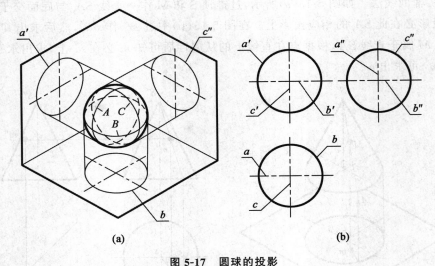

图 5-17　圆球的投影

　　图 5-17(a)为圆球的立体图、图 5-17(b)为圆球的投影。圆球在三个投影面上的投影都是直径相等的圆,但这三个圆分别表示三个不同方向的圆球面轮廓素线的投影。正面投影的圆是平行于 V 面的圆素线 A(它是前面可见半球与后面不可见半球的分界线)的投影。与此类似,侧面投影的圆是平行于 W 面的圆素线 C 的投影;水平投影的圆是平行于 H 面的圆素线 B

的投影。这三条圆素线的其他两面投影,都与相应圆的中心线重合,不应画出。

任务二　掌握被截切圆柱体相关的画法

【教学目标】

知识目标

1.掌握被截切圆柱体的截交线画法。

2.掌握圆锥体的截交线画法。

3.掌握圆球的截交线画法。

技能目标

1.熟练绘制被截切曲面立体三视图的画法。

2.提高学生识图与画图能力。

【任务导入】

曲面立体的截交线实际就是求截平面与曲面立体表面的共有点的投影,因此,只要能求出这些共有点,然后把这些共有点的同名投影依次光滑连接起来。就可以得到截交线。

【任务准备】

圆柱的截交线

平面与圆柱相交主要有三种方式。如表 5-1 所示,圆柱被平面截切,根据截平面位置不同,截交线形状也不相同,主要有三种形式。

表 5-1　平面与圆柱体相交的三种方式

截平面的位置	平行于轴线	垂直于轴线	倾斜于轴线
截交线的形状	两平行直线	圆	椭圆
立体图			
投影图	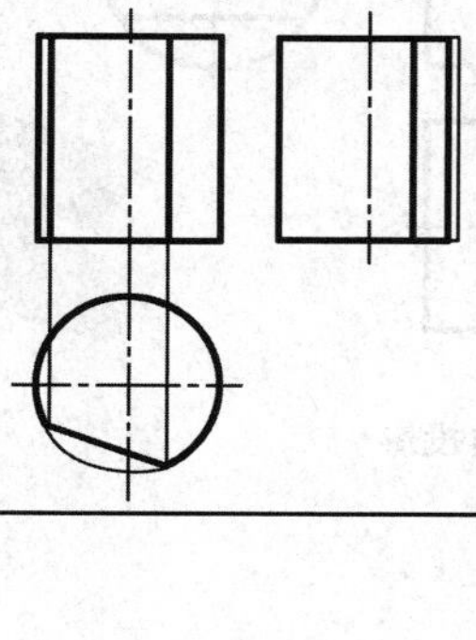	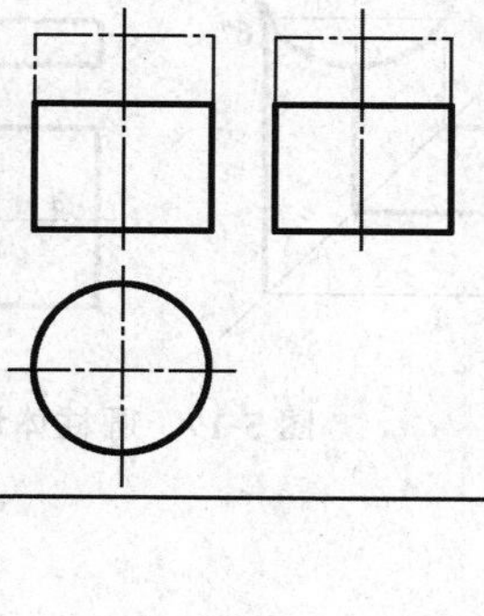	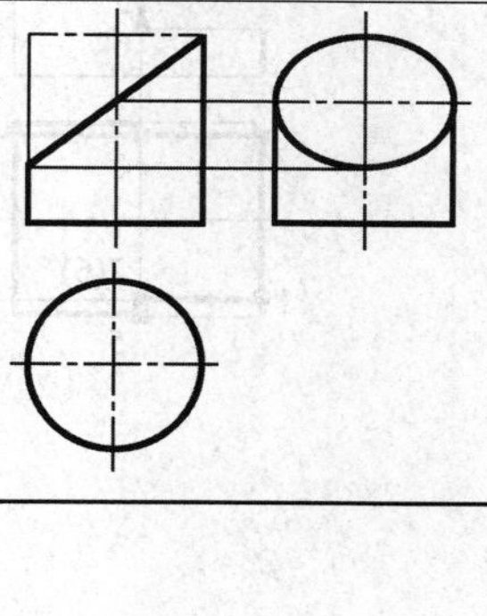

【任务实施】

圆柱体截交线的画法

1. 如图 5-18 所示，求作被截平面斜切的圆柱体的截交线

分析：因截平面与轴线倾斜，所以截交线为椭圆。又因为截平面为正垂面，所以，截交线的正面投影积聚为一条线，水平投影与圆柱面的水平投影重合为圆。即可根据两面投影求出第三面投影。

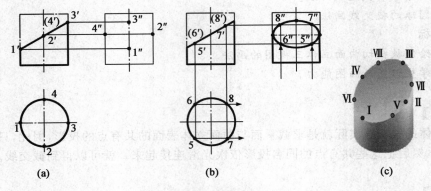

(a)　　　　　　　　　(b)　　　　　　　　　(c)

图 5-18　斜切圆柱体的投影

作图步骤如下：

(1)作出原始的完整圆柱体；

(2)找特殊点(截平面与回转体转向轮廓线的交点、截交线上的极限位置点)：如图 5-18(a)所示，Ⅰ、Ⅱ、Ⅲ、Ⅳ为截平面与圆柱体最左、最前、最右、最后轮廓素线的交点，分别求出这四个点的三面投影；

(3)如图 5-18(b)所示，在正面投影上作一般点 Ⅴ、Ⅵ、Ⅶ、Ⅷ的投影(一般点作得越多，求出的投影越精确)，求出 Ⅴ、Ⅵ、Ⅶ、Ⅷ的另外两个面的投影；

(4)在侧面投影上把这些点的投影依次光滑地连接起来，为一椭圆，即为截交线的侧面投影；

(5)把被截切部分的轮廓线擦掉，检查并加深图线，完成作图。

2. 如图 5-19 所示，求作圆柱体被多个平面切槽的投影

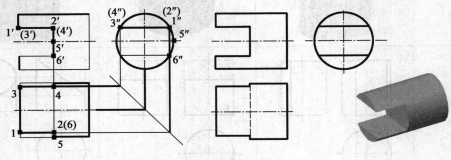

图 5-19　圆柱体切槽的投影

【知识链接】

一、圆锥的截交线

1.平面与圆锥体相交的五种形式

如表 5-2 所示,圆锥被平面截切,根据截平面位置不同,截交线形状也不相同,主要有五种形式。

表 5-2　平面与圆锥体相交的五种形式

截平面的位置	过锥顶	不过锥顶			
		$\theta=90°$	$\theta>\alpha$	$\theta=\alpha$	$\theta<\alpha$
截平面的形状	相交两直线	图	椭圆	抛物线	双曲线
立体图	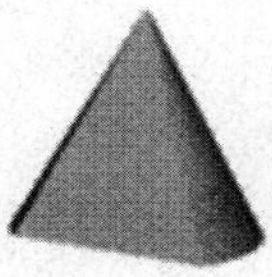	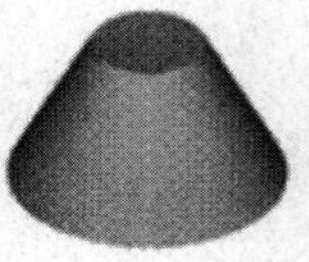			
投影图	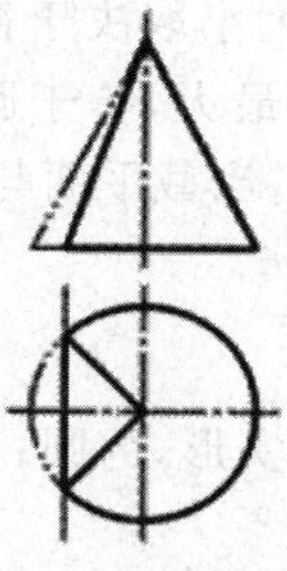	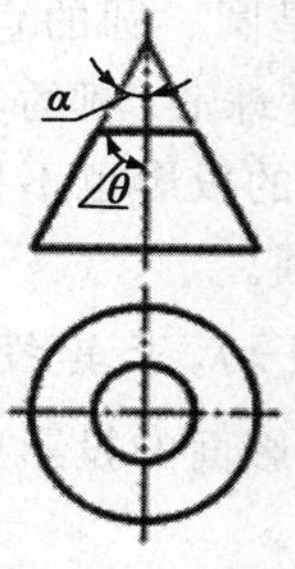	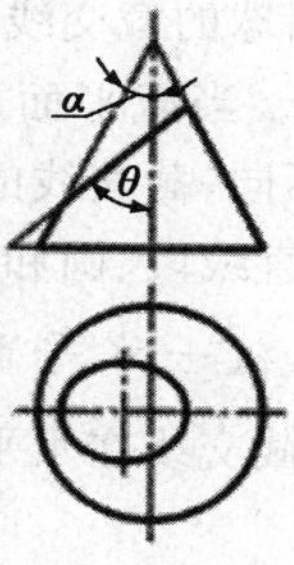	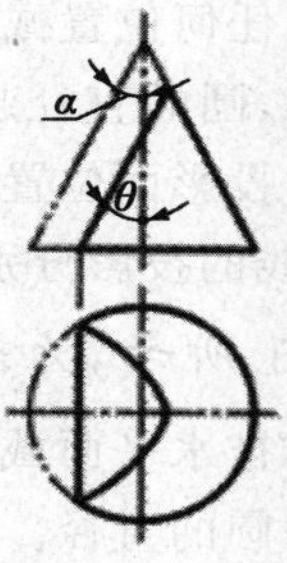	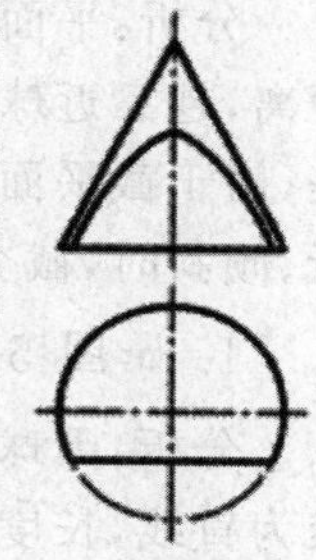

2.圆锥体截交线的求法

如图 5-20(a)所示,求作被正平面截切的圆锥的截交线。

分析:因截平面为正平面,与轴线平行,故截交线为双曲线。截交线的水平投影和侧面投影都积聚为直线,只需求出正面投影。

作图步骤如图 5-20(b)所示:

(1)作出原始的完整圆锥体;

(2)找特殊点:Ⅰ、Ⅱ、Ⅲ为截平面与圆锥底圆和圆锥最前轮廓素线的交点,分别为最高和最左、最右点,求出这三个点的三面投影;

(3)在侧面投影上作一般点Ⅳ、Ⅴ的投影,先求出Ⅳ、Ⅴ的水平投影,即可求出Ⅳ、Ⅴ的正面投影;

(4)在正面投影上把这些点的投影依次光滑的连接起来,即为截交线的正面投影;

(5)把被截切部分的轮廓线擦掉,检查并加深图线,完成作图。

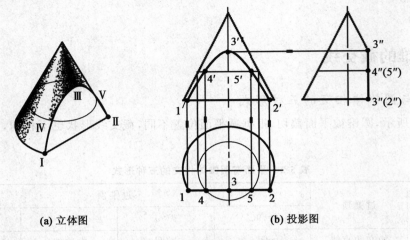

(a) 立体图　　　　　　　　　　　**(b) 投影图**

图 5-20　正平面截切圆锥的截交线

二、圆球的截交线

分析：平面在任何位置截切圆球的截交线都是圆。圆的直径大小取决于截平面与球心的距离，越靠近球心，圆的直径越大。当截平面通过球心，圆的直径最大，等于圆球的直径。可是，由于截平面对投影面位置的不同，截交线的圆的投影也不相同，当截平面与投影面垂直、平行、倾斜时，截交线的投影分别为直线段、圆和椭圆。

1. 如图 5-21 所示，为球体被一水平面截切，求其投影

分析：因球体被水平面截切，截交线在水平投影面的投影反映实形，为圆；其他两面投影积聚为直线，长度为圆的直径。

作图步骤：略。

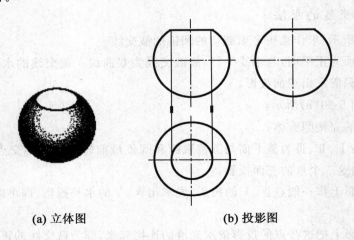

(a) 立体图　　　　　　　　　　　**(b) 投影图**

图 5-21　被投影面平行面截切的圆球截交线

2.如图 5-22 所示,为球体被正垂面截切,求其投影

分析:球体被正垂面截切,其正面投影为一直线段,另外两面投影为椭圆。截交线可根据球体表面取点的方法求得。

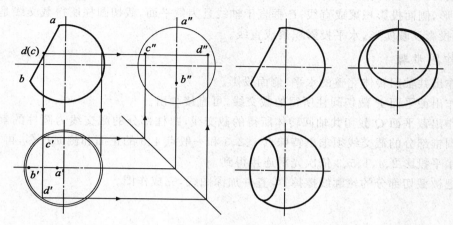

图 5-22 被投影面垂直面截切的圆球截交线

作图步骤:

①找特殊点:即椭圆长、短轴的四个端点;

点 A、B 为椭圆短轴的两个端点,也是截交线的最高点和最低点,同时也是最右点和最左点。因 A、B 两点在球体的转向轮廓素线上,因此,点 A、B 的三面投影可直接求得;取 AB 的中点 $C(D)$ 即为椭圆长轴的两个端点,用辅助平面的方法求点 C、D 的三面投影;

②找一般点:为使截交线作得更精确,可在直线 AB 上再取些点,求其三面投影;

③把这些点依次的连接起来即为椭圆;

④把被截切部分的轮廓线擦掉,检查并加深图线,完成作图。

【知识链接】

如图 5-23 所示,完成顶尖的截交线。

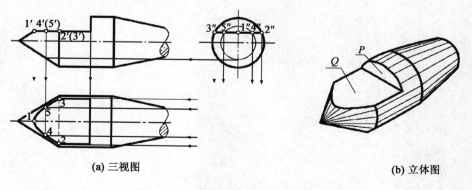

(a) 三视图   (b) 立体图

图 5-23 顶尖的截交线

1．分析图形

顶尖头部由共轴的圆锥和圆柱组成。被互相垂直的截平面 P、Q 截切，Q 平行于轴线且为水平面，截切圆锥所得截交线为双曲线，截切圆柱所得截交线为两条素线组成的矩形，水平投影反映实形，侧面投影积聚成直线；P 垂直于轴线且为侧平面，截切圆柱所得截交线是一圆弧，圆弧侧面投影反映实形，水平投影积聚成直线。

2．作图步骤

（1）作出共轴回转体完整的水平、侧面投影。

（2）作出截平面 P 截切圆柱所得的截交线，可直接画出。

（3）作出截平面 Q 截切共轴回转体所得的截交线，圆柱部分的截交线为圆柱的素线，可直接作出；圆锥部分的截交线须求出特殊点 1、2、3 和一般点 4、5 的正面和侧面投影，再求出水平投影，把水平投影 2、4、1、5、3 依次光滑连接得到。

（4）把被截切部分的轮廓线擦掉，检查并加深图线，完成作图。

项目六　看轴承座的三视图

【学习目标】

1.理解视图中线框和图线的含义。

2.掌握看组合体视图的方法和步骤。

3.能看懂轴承座的三视图。

4.能绘制轴承座的立体图。

5.能看懂组合体三视图,能正确描述出组合体的结构。

6.能画出组合体的轴测图。

7.掌握形体分析法在读图中的实际应用。

任务一　掌握看组合体视图的方法

【教学目标】

知识目标

1.理解视图中线框和图线的含义。

2.掌握看组合体视图的方法和步骤。

3.能看懂组合体三视图,能正确描述出组合体的结构。

技能目标

1.培养学生识图和绘图的能力。

2.掌握形体分析法在读图中的实际应用。

【任务导入】

画图和读图是学习本课程的两个重要环节,培养读图能力是本课程的基本任务之一。读组合体视图的目的是为以后读零件图提供方法。要求学生具有能把组合体分解为若干基本几何体,又能把它们再组合为一个整体的思维能力。

【任务准备】

一、看图是画图的逆过程

画图是将空间的物体形状在平面上绘制成视图,由物到图,而读图是根据已画出的视图,运用投影规律,对物体空间形状进行分析、判断、想象的过程,由此可以说读图是画图的逆过程。由图想象物,二者是互相联系的两个过程,看图能力可通过多画图来提高。

二、理解视图中线框和图线的含义

视图是由图线和线框组成的,而线框又由若干条图线所围成,弄清视图中线框和图线的含义对读图有很大帮助。

1. 图线的含义

视图中每一条粗实线和细虚线,可能具有以下一种或几种含义:

(1)表示物体上平面或柱面的积聚性投影。如图 6-1 中直线 1 和 2 分别是 A 面和 E 面的积聚性投影。

(2)表示物体上面与面之间交线的投影。如图 6-1 中直线 3 和 5 分别是肋板斜面 E 与拱形柱体左侧面和底板上表面的交线,直线 4 是 A 面和 D 面交线。

(3)表示回转体上外形轮廓线。如图 6-1 左视图中直线 6 是小圆孔圆柱面的转向轮廓线(此时不可见,画虚线)。

2. 线框的含义

(1)视图中的每个封闭线框,均表示物体上一个表面(平面、曲面或它们相切形成的组合面)的投影,也可以是一个孔的投影。如图 6-1 所示,主视图上的线框 A、B、C 是平面的投影,线框 D 是平面与圆柱面相切形成的组合面的投影,主、俯视图中大、小两个圆线框分别是大小两个孔的投影。

(2)视图中相邻的两个封闭线框,通常表示物体上位置不同的两个表面的投影。

如图 6-1 中 B、C、D 三个线框两两相邻,从俯视图中可以看出,B、C 以及 D 的平面部分互相平行,且 D 在最前,B 居中,C 最靠后。

(3)在一个大封闭线框内所包括的各个小线框,一般是表示在大平面体上凸出或凹下的各个小平面体的投影。

如图 6-1 中俯视图上的小圆线框表示凹下的孔的投影,线框 E 表示凸起的肋板的投影。

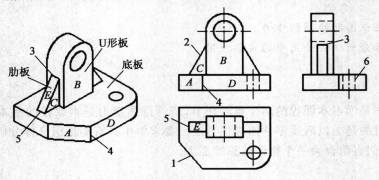

图 6-1　理解视图中线框和图线的含义

【任务实施】

一、看图要求

读图的基本方法有形体分析法和线面分析法。主要介绍形体分析法。

　　根据组合体的特点,将其分成大致几个部分,然后逐一将每一部分的几个投影对照进行分析,想象出其形状,并确定各部分之间的相对位置和组合形式,最后综合想象出整个物体的形状。这种读图方法称为形体分析法,其着眼点是"体",即组成物体的各基本体;其实质是"分部分想形状,合起来想整体",此法用于叠加类组合体较为有效。

二、看图步骤

　　读如图 6-2(a)所示三视图,想象出它所表示的物体的形状。

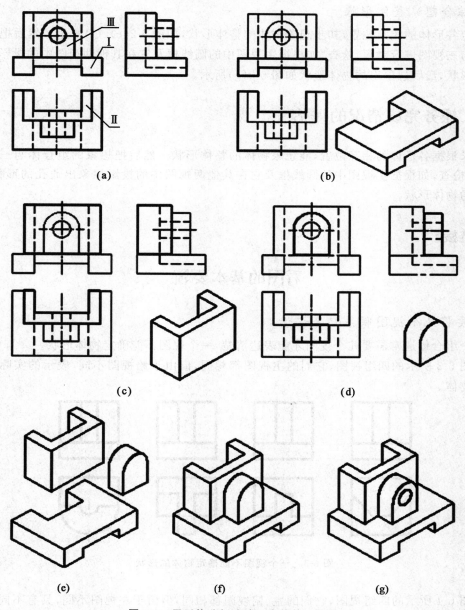

图6-2　用形体分析法读组合体的三视图

读图步骤：

1.分离出特征明显的线框

三个视图都可以看作是由三个线框组成的，因此可大致将该物体分为三个部分。其中主视图中Ⅰ、Ⅲ两个线框特征明显，俯视图中线框Ⅱ的特征明显。如图6-2(a)所示

2.逐个想象各形体形状

根据投影规律，依次找出Ⅰ、Ⅱ、Ⅲ三个线框在其他两个视图的对应投影，并想象出他们的形状。如图6-2(b)、(c)、(d)所示。

3.综合想象整体形状

确定各形体的相互位置，初步想象物体的整体形状，如图6-2(e)、(f)所示。然后把想象的组合体与三视图进行对照、检查，如根据主视图中的圆线框及它在其他两视图中的投影想象出通孔的形状，最后想象出的物体形状如图6-2(g)所示。

三、任务完成情况的评估

要求根据各形体的相互位置，能想象物体的整体形状。然后把想象的组合体与三视图进行对照、检查，如根据主视图中的圆线框及它在其他两视图中的投影想象出通孔的形状，最后想象出的物体形状。

【知识链接】

看图的基本要领

1.要将几个视图联系起来识读

一个组合体通常需要几个视图才能表达清楚，一个视图不能确定物体形状。

如图6-3所示的四组视图，它们的主视图都相同，但由于俯视图不同，表示的实际是四个不同的物体。

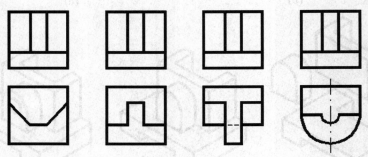

图6-3　一个视图不能确定物体的形状

如图6-4所示的四组视图，它们的主、俯视图都相同，但由于左视图不同，具有不同的形体特征。

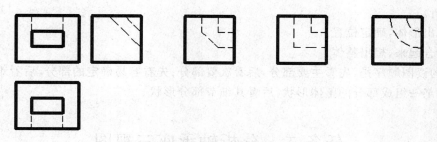

图 6-4　两个视图不能确定物体的形状

2.利用细虚线分析相关组成部分的形状和相对位置

利用好细虚线这个"不可见"的特点,对看图很有帮助,尤其对判定其所示形体、表面或交线的位置,会有更好的效果。如图 6-5 所示。

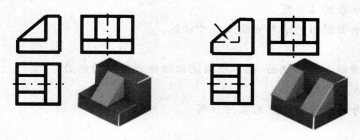

图 6-5　利用细虚线看图

【知识拓展】

有时即使有两个视图相同,若视图选择不当,也不能确定物体的形状。如图 6-6 所示的三组视图,它们的主、俯视图都相同,但由于左视图不同,也表示了三个不同的物体。

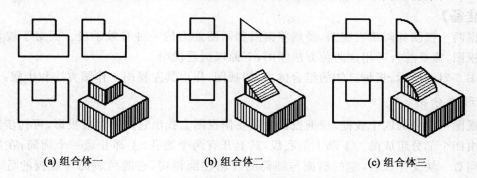

(a) 组合体一　　　　　　(b) 组合体二　　　　　　(c) 组合体三

图 6-6　两个视图不能确定物体的形状

在读图时,一般应从反映特征形状最明显的视图入手,联系其他视图进行对照分析,才能确定物体形状,切忌只看一个视图就下结论。

读图步骤:

(1)分析线框,对照投影。(由于主视图上具有的特征部位一般较多,故通常先从主视图开始进行分析。)

（2）想出形体，确定位置。

（3）综合起来，想出整体。

一般的读图顺序是：先看主要部分，后看次要部分；先看容易确定的部分，后看难以确定的部分；先看某一组成部分的整体形状，后看其细节部分形状。

任务二　分析轴承座三视图

【教学目标】

知识目标

1. 能看懂轴承座的三视图。

2. 能绘制轴承座的立体图。

3. 掌握手柄平面图形的绘制方法及尺寸标注。

技能目标

1. 培养能看懂组合体三视图，能正确描述出组合体结构的能力。

2. 能画出组合体的轴测图。

3. 掌握形体分析法在读图中的实际应用。

【任务导入】

读组合体视图的目的是为以后读零件图提供方法。讲课中要逐步引导学生树立组合体的一个视图为组合体，一个图框为一体的概念，具有能把组合体分解为若干基本几何体，又能把它们再组合为一个整体达的思维能力。

【任务准备】

根据两个视图补画第三视图，是培养读图和画图能力的一种有效手段。而对于较复杂的组合体视图，需要综合运用这两种方法读图，下面以例题说明。

如图 6-7（a）所示，根据已知的组合体主、俯视图，作出其左视图。作图方法和步骤：

1. 形体分析

主视图可以分为四个线框，根据投影关系在俯视图上找出它们的对应投影，可初步判断该物体是由四个部分组成的。下部 I 是底板，其上开有两个通孔；上部 II 是一个圆筒；在底板与圆筒之间有一块支撑板 III，它的斜面与圆筒的外圆柱面相切，它的后表面与底板的后表面平齐；在底板与圆筒之间还有一个肋板 IV。根据以上分析，想象出该物体的形状，如图 6-7（b）所示。

2. 画出各部分在左视图的投影

根据上面的分析及想出的形状，按照各部分的相对位置，依次画出底板、圆筒、支撑板、肋板在左视图中的投影。作图步骤如图 6-7（c）、（d）、（e）所示。最后检查、描深，完成全图。

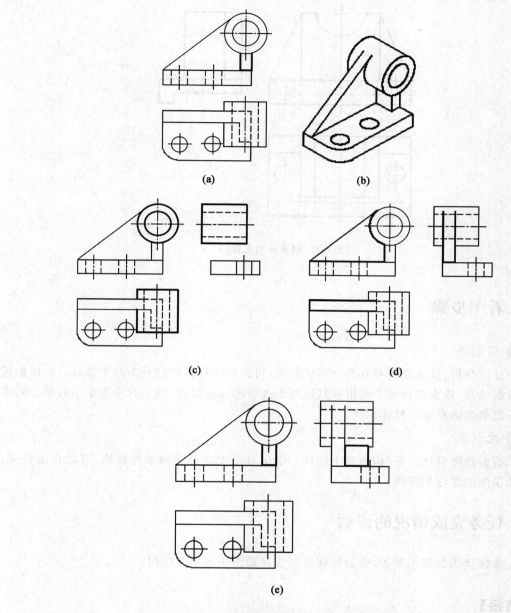

图 6-7 根据已知两视图补画第三视图

【任务实施】

一、看图要求

给出挂图(如图 6-8 轴承座的三视图)或课件,学生分组讨论想象出它所表示的物体的形状。

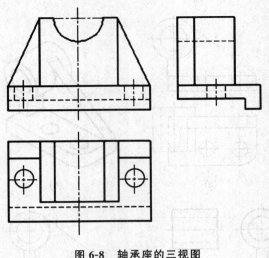

图 6-8　轴承座的三视图

二、看图步骤

1. 老师引导

对照挂图分析：从主视图看有四个可见线框，可按照线框将它们分为四个部分。在根据视图间的投影关系，依次找每一个线框在其他两个视图的对应投影，联系起来想象出每部分的形状。最后想象出轴承座的整体形状。

2. 学生讨论

学生观察挂图分析讨论，构想整个结构。学生自由发言描述轴承座结构，可以自由补充，充分调动学生的学习积极性。

三、任务完成情况的评估

学生掌握读图的基本要领，掌握形体分析法在读图中的实际应用。

【知识链接】

绘制轴承座（图 6-8）的正等测图。

一、布置任务

根据讨论结果，绘制轴承座的正等测图，不考虑尺寸，但各部分间的相对位置要和三视图一致。

二、学生画图相互点评

学生画图过程中老师要引导并留意学生画图中存在的问题。画完图后，同桌间相互检查、分析，发现问题及时更正。

三、分析点评

利用挂图（图 6-9）或 PPT 针对学生画图中存在的问题进行分析。

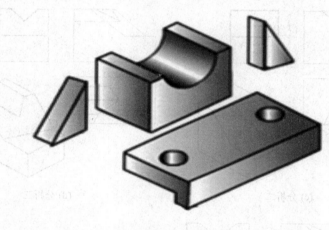

图 6-9　轴承座

【知识拓展】

在读图过程中，遇到物体形状不规则，或物体被多个面切割，物体的视图往往难以读懂，此时可以在形体分析的基础上进行线面分析。

1. 概念

线面分析法读图，就是运用投影规律，通过对物体表面的线、面等几何要素进行分析，确定物体的表面形状、面与面之间的位置及表面交线，从而想象出物体的整体形状。此法用于切割类组合体较为有效。

2. 讲解例题

通过例题介绍用线面分析法读图的步骤。

读如图 6-10(a)所示三视图，想象出它所表示的物体的形状。

读图步骤：

(1)初步判断主体形状。物体被多个平面切割，但从三个视图的最大线框来看，基本都是矩形，据此可判断该物体的主体应是长方体。

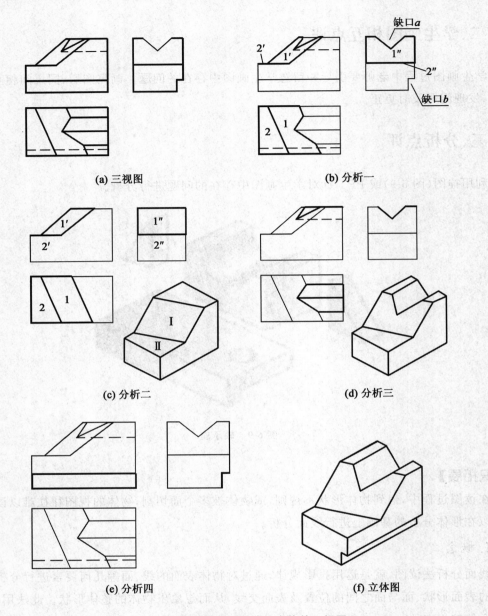

(a) 三视图

(b) 分析一

缺口a

1″

2″

缺口b

(c) 分析二

(d) 分析三

(e) 分析四

(f) 立体图

图 6-10　用线面分析法读组合体的三视图

　　(2)确定切割面的形状和位置。图 6-10(b)是分析图,从左视图中可明显看出该物体有 a、b 两个缺口,其中缺口 a 由两个相交的侧垂面切割而成,缺口 b 由一个正平面和一个水平面切割而成。还可以看出主视图中线框 1′、俯视图中线框 1 和左视图中线框 1″有投影对应关系,据此可分析出它们是一个一般位置平面的投影。主视图中线段 2′、俯视图中线框 2 和左视图中线段 2″有投影对应关系,可分析出它们是一个水平面的投影。并且可看出Ⅰ、Ⅱ两个平面相交。

　　(3)逐个想象各切割处的形状。可以暂时忽略次要形状,先看主要形状。比如看图时可先将两个缺口在三个视图中的投影忽略,如图 6-10(c)所示。此时物体可认为是由一个长方体被Ⅰ、Ⅱ两个平面切割而成,可想象出此时物体的形状,如图 6-10(c)的立体图所示。然后再依次想象缺口 a、b 处的形状,分别如图 6-10(d)、(e)所示。

　　(4)想象整体形状。综合归纳各截切面的形状和空间位置,想象出物体的整体形状,如图6-10(f)所示。

项目七　绘制轴承座三视图并标注尺寸

【学习目标】

1. 了解形体分析的基本概念。
2. 掌握组合体的组合形式及表面间的连接关系。
3. 了解组合体尺寸标注的要求。
4. 正确绘制轴承座三视图并标注尺寸。
5. 掌握组合体三视图的画法,能熟练画出组合体的三视图并能正确标注尺寸。
6. 熟练地掌握三视图之间的投影规律;在画图、看图和标注尺寸的实践中,自觉运用形体分析法和线面分析法,培养和提高观察问题、分析问题和解决问题的能力。

任务一　绘制轴承座三视图

【教学目标】

知识目标

1. 了解形体分析的基本概念。
2. 掌握组合体的组合形式。
3. 正确绘制轴承座三视图。

技能目标

1. 会运用形体分析法分析组合体组合形式及表面间的连接关系。
2. 掌握组合体三视图的画法,能熟练画出组合体的三视图。

【任务导入】

组合体按其组合结构形式,可分为叠加和切割两类。组合体可以理解为是把零件进行必要的简化,将零件看作由若干个基本几何体组成。所以学习组合体的投影作图为零件图的绘制提供了基本的方法,即形体分析法。学习组合体的投影作图为零件图奠定重要的基础。准备形体相贴、形体相交、形体相切、支座等模型,用模型辅助讲解。

【任务准备】

一、形体分析法

1. 了解形体分析的基本概念

形体分析法——假想将组合体分解为若干基本体,分析各基本体的形状、组合形式和相对位置,弄清组合体的形体特征,这种分析方法称为形体分析法。

2.学会运用形体分析法分析

学生分组讨论:如图 7-1 所示的支座可分解几个部分?

每一部分可看作由几个基本体组成?

答:五部分。(1)底板:长方体、圆柱孔;

(2)支承板:等腰梯形体;

(3)肋板:四棱柱;

(4)圆筒:空心圆柱体;

(5)凸台:空心圆柱体。

它们的相对位置关系为:

(1)支承板的两侧与轴承的外圆柱面相切,此时,相切处无线,但必须保证切点对应。

图 7-1　支座

(2)凸台的内外表面与轴承的内外圆表面分别相交。此时相交处应有交线,交线应为内、外两圆筒表面的相贯线。

二、组合体的组合形式

(1)叠加。

(2)切割。

(3)综合。即上面两种基本形式的综合,如图 7-2 所示。

(a) 叠加型　　　　　**(b) 切割型**　　　　　**(c) 综合型**

图 7-2　组合体的组合形式

三、组合体的表面连接关系

1. 平齐或不平齐

当两基本体表面平齐时,结合处不画分界线。当两基本体表面不平齐时,结合处应画出分界线。

举例:如图 7-3(a)所示组合体,上、下两表面平齐,在主视图上不应画分界线。如图 7-3(b)所示组合体,上、下两表面不平齐,在主视图上应画出分界线。对照模型讲解。

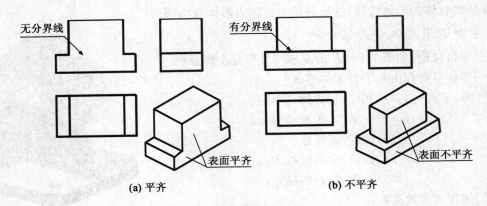

图 7-3　表面平齐和不平齐的画法

2.相切

当两基本体表面相切时,在相切处不画分界线。

举例:如图 7-4(a)所示组合体,它是由底板和圆柱体组成,底板的侧面与圆柱面相切,在相切处形成光滑的过渡,因此主视图和左视图中相切处不应画线,此时应注意两个切点 A、B 的正面投影 a'、(b') 和侧面投影 a''、(b'') 的位置。图 7-4(b)是常见的错误画法。对照模型讲解。

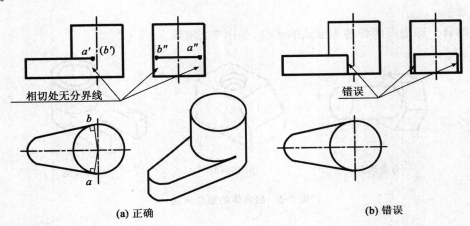

图 7-4　表面相切的画法

3.相交

当两基本体表面相交时,在相交处应画出分界线。

举例:如图 7-5(a)所示组合体,它也是由底板和圆柱体组成,但本例中底板的侧面与圆柱面是相交关系,故在主、左视图中相交处应画出交线。图 7-5(b)是常见的错误画法。对照模型讲解。

特别提出让学生体会一下图 7-4 和图 7-5 所示相切与相交两种画法的区别。

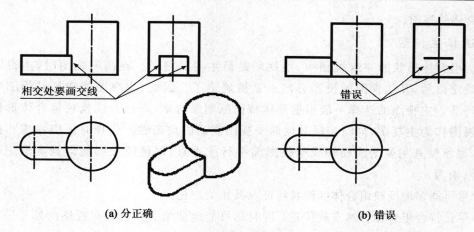

图 7-5　表面相交的画法

【任务实施】

准备轴承座的挂图和模型（图 7-1），要求画出其三视图。实施步骤如下：

1．教师讲解

教师对照模型先分析讲解，以学生自己画图为主。

2．学生分组画图

把学生分成四个团队，保证每个团队既有学习基础好的学生，也有基础差的。组内学生分析讨论，并画三视图。整个环节以好帮差，通过学生间互帮互助，实现共同进步。通过互相学习和交流，甚至争论中提高学习兴趣，开阔思路，也促进团队间的协作。

3．互评互学

引导同学从主视图选用、布局是否合理等几个方面，让组与组之间展开互评，然后学生针对自己存在的问题进行修改。这个环节可以发挥学生的主动性，让学生说出好在哪里，不好的怎样修改。通过这个环节，提高学生的口头表达能力和信息的辨别力。

4．老师点评总结

利用挂图对学生在画图中出现的问题进行分析强调，对学生表现好的地方进行表扬，对进步大的学生进行肯定。

【知识链接】

组合体视图的画法

1．形体分析

画图前，首先应对组合体进行形体分析，分析该组合体是由哪些基本体所组成的，了解它们之间的相对位置、组合形式以及表面间的连接关系及其分界线的特点。在具体画图时，可以按各个部分的相对位置，逐个画出它们的投影以及它们之间的表面连接关系，综合起来即得到整个组合体的视图。

2. 选择主视图

表达组合体形状的一组视图中,主视图是最主要的视图。在画三视图时,主视图的投影方向确定以后,其他视图的投影方向也就被确定了。因此,主视图的选择是绘图中的一个重要环节。主视图的选择一般根据形体特征原则来考虑,即以最能反映组合体形体特征的那个视图作为主视图,同时兼顾其他两个视图表达的清晰性。选择时还应考虑物体的安放位置,尽量使其主要平面和轴线与投影面平行或垂直,以便使投影能得到实形。选择主视图的原则为:

(1)尽可能多地反映组合体的形状特征及其相关位置。

(2)尽量符合组合体自然安放位置,同时尽可能地使组合体表面对投影面处于平行或垂直位置。

(3)尽可能地避免对其他视图产生过多的虚线,并注意图面的合理布局和尺寸标注。

3. 其他视图的选择

选择 A 向视图作主视图,为了表明底板的形状、大小及底板上小圆孔的相对位置,需画出俯视图。为表明肋板的形状,还需画出左视图。通过分析可知,轴承座需用主、俯、左三个视图。

4. 确定比例和图幅

视图确定后,要根据物体的复杂程度和尺寸大小,按照标准的规定选择适当的比例与图幅。选择的图幅要留有足够的空间以便于标注尺寸和画标题栏等。

5. 布置视图位置

布置视图时,应根据已确定的各视图每个方向的最大尺寸,并考虑到尺寸标注和标题栏等所需的空间,匀称地将各视图布置在图幅上。

6. 绘制底稿

完成以上工作后,可以进行底稿绘制。

【知识拓展】

绘图时应注意以下几点:

(1)为保证三视图之间相互对正,提高画图速度,减少差错,应尽可能把同一形体的三面投影联系起来作图,并依次完成各组成部分的三面投影。不要孤立地先完成一个视图,再画另一个视图。

(2)先画主要形体,后画次要形体;先画各形体的主要部分,后画次要部分;先画可见部分,后画不可见部分。

(3)应考虑到组合体是各个部分组合起来的一个整体,作图时要正确处理各形体之间的表面连接关系。

任务二 标注轴承座尺寸

【教学目标】

知识目标

1.了解组合体尺寸标注的要求。

2.正确绘制轴承座三视图并标注尺寸。

技能目标

1.通过看图和画图能力。

2.掌握组合体三视图的画法,能熟练画出组合体的三视图并能正确标注尺寸。

【任务导入】

组合体的尺寸标注,一向是学生感觉较难的内容,学生缺少这方面的实践经验,因此在讲解组合体的尺寸标注的各条规则时,应该举出恰当的图例说明,帮助学生理解。

【任务准备】

一、尺寸标注的要求

标注尺寸不仅要求正确、完整,还要求清晰,以方便读图。为此,在严格遵守机械制图国家标准的前提下,还应注意以下几点:

(1)尺寸应尽量标注在反映形体特征最明显的视图上。

(2)同一基本形体的定形尺寸和确定其位置的定位尺寸,应尽可能集中标注在一个视图上。

(3)直径尺寸应尽量标注在投影为非圆的视图上,而圆弧的半径应标注在投影为圆的视图上。

(4)尽量避免在虚线上标注尺寸。

(5)同一视图上的平行并列尺寸,应按"小尺寸在内,大尺寸在外"的原则来排列,且尺寸线与轮廓线、尺寸线与尺寸线之间的间距要适当。

(6)尺寸应尽量配置在视图的外面,以避免尺寸线与轮廓线交错重叠,保持图形清晰。

二、简单体的尺寸注法

1.几何体的尺寸注法(图 7-6)

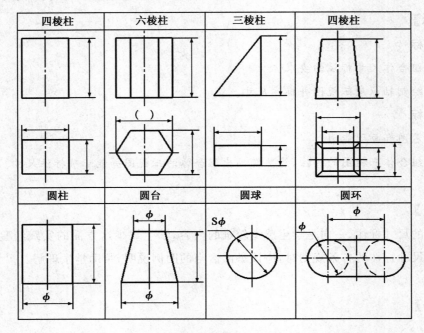

图 7-6　几何体的尺寸注法

2.带切口、凹槽几何体的尺寸注法

如图 7-7 所示,它们除了标注几何体长、宽、高三个方向的尺寸外,还应标注切口的位置尺寸或凹槽的定形尺寸和定位尺寸。

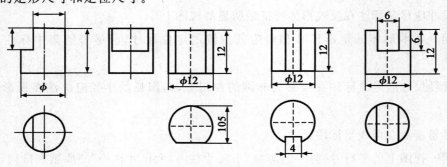

图 7-7　带切口、凹槽几何体的尺寸注法

3.截断体与相贯体的尺寸注法

如图 7-8 所示,截断体除应标注基本体的定形尺寸外,还要标注截切平面的定位尺寸和开槽或穿孔的定形尺寸。截交线为截平面截断立体后自然形成的交线,因此不标注截交线的尺寸。

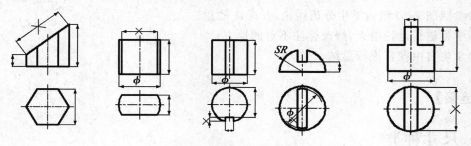

图 7-8 截断体的尺寸注法

相贯体除标注两相交基本体的定形尺寸外,还要注出确定两相交基本体相对位置的定位尺寸。由于相贯线为自然形成的交线,因此不需标注相贯线的尺寸(图 7-9)。

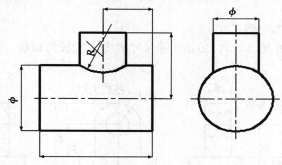

图 7-9 相贯体的尺寸注法

【任务实施】

在任务一中根据轴承座的挂图和模型,画出了图 7-10 的三视图,本次任务要求学生看懂图 7-10 的尺寸标注,然后正确标出轴承座(图 7-10)的三视图尺寸。实施步骤如下:

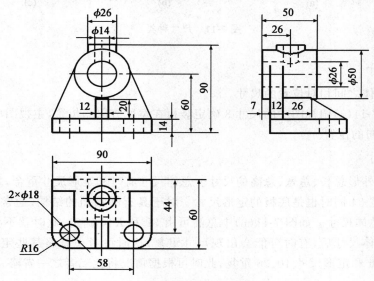

图 7-10 轴承座的三视图和尺寸

（1）参照图 7-10 组内学生分析讨论，并标注尺寸。
（2）学生进行讨论检查，修改标注不对的地方。
（3）学生自由发言进行总结。

【知识链接】

一、尺寸种类

要使尺寸标注完整，既无遗漏，又不重复，最有效的办法是对组合体进行形体分析，根据各基本体形状及其相对位置分别标注以下几类尺寸。

1.定形尺寸

确定各基本体形状大小的尺寸。

举例：如图 7-11(a)中的 50、34、10、R8 等尺寸确定了底板的形状。而 R14、18 等是竖板的定形尺寸。

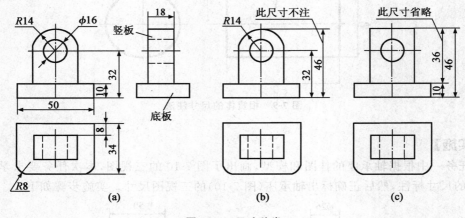

图 7-11　尺寸种类

2.定位尺寸

确定各基本体之间相对位置的尺寸。

举例：如图 7-11(a)俯视图中的尺寸 8 确定竖板在宽度方向的位置，主视图中尺寸 32 确定 $\phi16$ 孔在高度方向的位置。

3.总体尺寸

确定组合体外形总长、总宽、总高的尺寸。总体尺寸有时和定形尺寸重合，如图 7-11(a)中的总长 50 和总宽 34 同时也是底板的定形尺寸。对于具有圆弧面的结构，通常只注中心线位置尺寸，而不注总体尺寸。如图 7-11(b)中总高可由 32 和 R14 确定，此时就不再标注总高 46了。当标注了总体尺寸后，有时可能会出现尺寸重复，这时可考虑省略某些定形尺寸。如图 7-11(c)中总高 46 和定形尺寸 10、36 重复，此时可根据情况将此二者之一省略。

二、标注尺寸的方法和步骤

标注组合体的尺寸时,应先对组合体进行形体分析,选择基准,标注出定形尺寸、定位尺寸和总体尺寸,最后检查、核对。

（1）进行形体分析。

（2）选择尺寸基准。该支座左右对称,故选择对称平面作为长度方向尺寸基准;底板和支撑板的后端面平齐,可选作宽度方向尺寸基准;底板的下底面是支座的安装面,可选作高度方向尺寸基准。

（3）根据形体分析,逐个注出定形尺寸。

（4）根据选定的尺寸基准,注出确定各部分相对位置的定位尺寸。

（5）标注总体尺寸。此图中所示支座的总长与底板的长度相等,总宽由底板宽度和圆筒伸出部分长度确定,总高由圆筒轴线高度加圆筒直径的一半决定,因此这几个总体尺寸都已标出。

（6）检查尺寸标注有无重复、遗漏,并进行修改和调整。

【知识拓展】

常见结构的尺寸注法如图 7-12 所示。

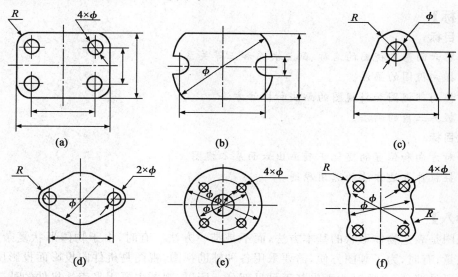

图 7-12　常见结构的尺寸注法

项目八 画弯板形机件的视图

【学习目标】

1. 了解六面基本视图的名称、配置关系和三等关系。
2. 掌握向视图的画法。
3. 掌握局部视图和斜视图的画法和标注方法。
4. 掌握第三角的画法。
5. 熟练画出弯板形机件的视图。
6. 掌握机件表达方法的选用原则。
7. 能针对具体的机件,根据其结构特点,确定正确的表达方案。

任务一   掌握视图的画法

【教学目标】

知识目标

1. 了解六面基本视图的名称、配置关系和三等关系。
2. 掌握向视图的画法。
3. 掌握局部视图和斜视图的画法和标注方法。
4. 掌握第三角的画法。

技能目标

1. 针对方向和位置的变化正确画出六面基本视图。
2. 掌握机件表达方法的选用原则。

【任务导入】

三视图是表达物体形状的基本方法,而不是唯一方法。有时,由于物体形状复杂,需要增加视图数量;有时,为了画图方便,需要采用各种辅助视图,视图是机件向投影面投影所得的图形机件的可见部分,必要时才画出其不可见部分。所以,视图主要用来表达机件的外部结构形状。视图的种类通常有基本视图、向视图、局部视图和斜视图四种。

【任务准备】

一、基本视图及其配置

当机件的外部结构形状在各个方向(上下、左右、前后)都不相同时,三视图往往不能清晰地把它表达出来。因此,必须加上更多的投影面,以得到更多的视图。

1.概念

为了清晰地表达机件六个方向的形状,可在 H、V、W 三投影面的基础上,再增加三个基本投影面。这六个基本投影面组成了一个方箱,把机件围在当中,如图 8-1(a)所示。机件在每个基本投影面上的投影,都称为基本视图。除了主、俯左视图外,还有从后向前投射所得的后视图,从下向上投射所得的仰视图,从右向左投射所得的右视图,

图 8-1(b)表示机件投影到六个投影面上后,投影面展开的方法。展开后,六个基本视图的配置关系和视图名称见图 8-1(c)。按图 8-1(b)所示位置在一张图纸内的基本视图,一律不注视图名称。

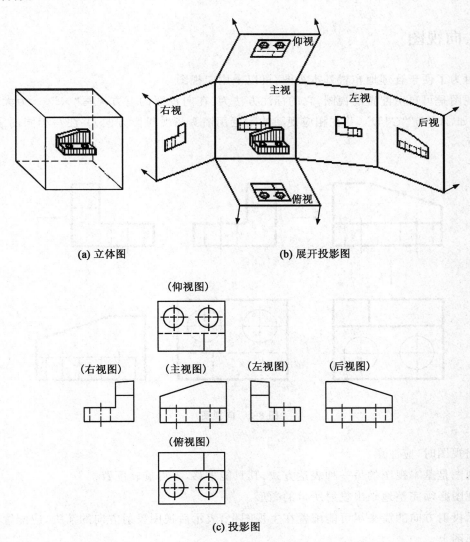

(a) 立体图　　　　　　　**(b) 展开投影图**

(c) 投影图

图 8-1　六个基本视图

2.投影规律

六个基本视图之间,仍然保持着与三视图相同的投影规律,即:

主、俯、仰、后视图:长对正;

主、左、右、后视图:高平齐;

俯、左、仰、右视图:宽相等。

此外,除后视图以外,各视图的里边(靠近主视图的一边),均表示机件的后面;各视图的外边(远离主视图的一边),均表示机件的前面,即"里后外前"。

强调:虽然机件可以用六个基本视图来表示,但实际上画哪几个视图,要看具体情况而定。

二、向视图

有时为了便于合理地布置基本视图,可以采用向视图。

向视图是可自由配置的视图,它的标注方法为:在向视图的上方注写"×"(×为大写的英文字母,如"A""B""C"等),并在相应视图的附近用箭头指明投影方向,并注写相同的字母,如图 8-2 所示。

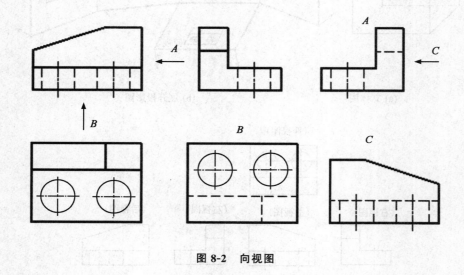

图 8-2　向视图

画向视图时,应注意:

向视图是基本视图的另一种表达方式,其只能平移,不可旋转配置。

向视图必须完整地画出投射所得的图形。

表示投射方向的箭头尽可能配置在主视图上,表示后视图投射方向的箭头,应配置在左视图或右视图上。

【任务实施】

一、画图要求

通过学习了解六面基本视图的名称、配置关系和三等关系,掌握向视图的画法,掌握局部视图和斜视图的画法和标注方法。

二、画图步骤

讲课时利用模型或课件,教师边画图边讲解作图方法与步骤;练习时采用师生同步作图的教学方法和由学生分组研究体会的实践学习方法。

三、任务完成情况的评估

机件可以用六个基本视图来表示,但实际上画哪几个视图,要求学生能根据具体情况而正确地选择,并掌握基本视图、向视图、局部视图、斜视图的形成、视图配置、画法、标注规定和应用场合。

【知识链接】

一、局部视图的画法

1.概念

当采用一定数量的基本视图后,机件上仍有部分结构形状尚未表达清楚,而又没有必要再画出完整的其他的基本视图时,可采用局部视图来表达。

只将机件的某一部分向基本投影面投射所得到的图形,称为局部视图。局部视图是不完整的基本视图,利用局部视图可以减少基本视图的数量,使表达简洁,重点突出。例如图8-3(a)所示工件,画出了主视图和俯视图,已将工件基本部分的形状表达清楚,只有左、右两侧凸台和左侧肋板的厚度尚未表达清楚,此时便可像图中的 A 向和 B 向那样,只画出所需要表达的部分而成为局部视图,如图8-3(b)所示。这样重点突出、简单明了,有利于画图和看图。

2.画局部视图的注意事项

(1)在相应的视图上用带字母的箭头指明所表示的投影部位和投影方向,并在局部视图上方用相同的字母标明"×"。

(2)局部视图的范围用波浪线表示,如图8-3(b)中"A"。所表示的图形结构完整、且外轮廓线又封闭时,则波浪线可省略,如图8-3(b)中"B"。

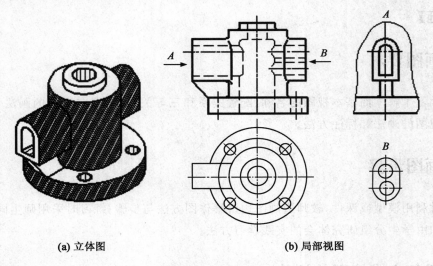

(a) 立体图　　　　　　　　　**(b) 局部视图**

图 8-3　局部视图

(3)当表示投影方向的箭头标在不同的视图上时,同一部位的局部视图的图形方向可能不同。

3.局部视图的配置和标注

(1)按基本视图配置时,当与相应的另一视图之间没有其他视图隔开时,可不必标注,如图 8-3(b)中左视图位置上的局部视图。

(2)按向视图的配置形式配置和标注,如图 8-3(b)中右下角的局部视图 B。

(3)按第三角画法配置在视图上所需表示的局部结构附近,并用细点划线把二者相连,如图 8-4(a),无中心线的图形可用细实线相连,不用再标注,如图 8-4(b)。

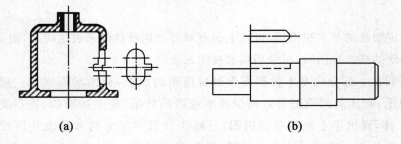

(a)　　　　　　　　　　　　　**(b)**

图 8-4　局部视图

二、斜视图的画法

1.概念

将机件向不平行于任何基本投影面的投影面进行投影,所得到的视图称为斜视图。斜视图适合于表达机件上的斜表面的实形。

2.标注

当机件某部分的倾斜结构不平行于任何基本投影面时,可选择一个辅助投影面(H_1),使它与机件上倾斜部分平行,且垂直于某一个基本投影面(V),如图 8-5(a),将机件上倾斜部分向辅助投影面投射,再将辅助投影面按箭头所指方向,旋转到与其垂直的基本投影面重合的位置,就得到斜视图,如图 8-5(b)中 A。

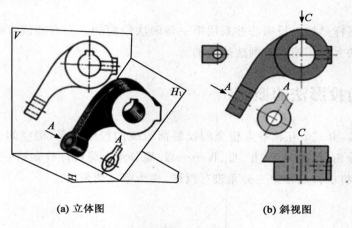

(a) 立体图　　　　　　　　　　(b) 斜视图

图 8-5　斜视图与局部视图

斜视图的标注方法与局部视图相似,并且应尽可能配置在与基本视图直接保持投影联系的位置,也可以平移到图纸内的适当地方。为了画图方便,也可以旋转,但必须在斜视图上方注明旋转标记,斜视图可顺时针旋转或逆时针旋转,但旋转符号的方向要与实际旋转方向一致,以便于识别,如图 8-6 中 A。

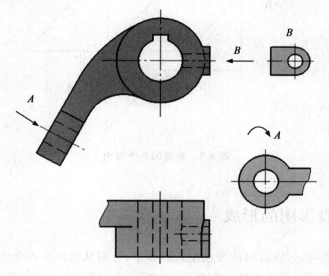

图 8-6　斜视图与局部视图

　　画斜视图时增设的投影面只垂直于一个基本投影面,因此,机件上原来平行于基本投影面的一些结构,在斜视图中最好以波浪线(或双折线)为界而省略不画,以避免出现失真的投影。在基本视图中也要注意处理好这类问题。

　　根据已知主、俯、左三视图,补画该零件的另外 3 个基本视图。

【知识拓展】

　　我国的工程图样是按正投影法并采用第一角画法绘制的。而有些国家(如英、美等国)的图样是按正投影法并采用第三角画法绘制的。

一、第三角投影法的概念

　　如图 8-7 所示,由三个互相垂直相交的投影面组成的投影体系,把空间分成了八个部分,每一部分为一个分角,依次为Ⅰ、Ⅱ、Ⅲ、Ⅳ……Ⅶ、Ⅷ分角。将机件放在第一分角进行投影,称为第一角画法,而将机件放在第三分角进行投影,称为第三角画法。

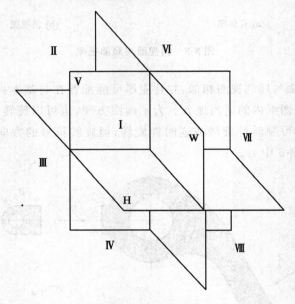

图 8-7　空间的八个分角

二、第三角投影图的形成

　　采用第三角画法时,可以将物体放在正六面体中,分别从物体的六个方向向各投影面进行投影,得到六个基本视图,再将各投影面展开,如图 8-8(a)所示使六个投影面处于同一平面内,展开后六视图的配置关系如图 8-8(b)所示。

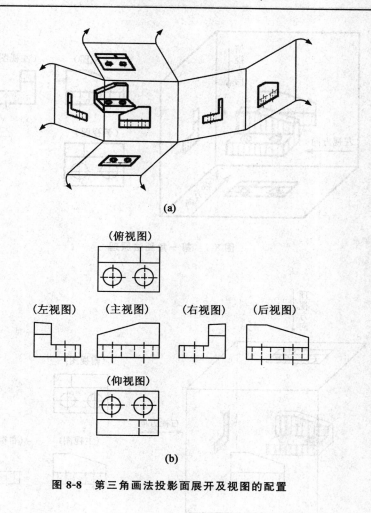

图 8-8　第三角画法投影面展开及视图的配置

三、第三角画法与第一角画法的区别

1. 在于人（观察者）、物（机件）、图（投影面）的位置关系不同

采用第一角画法时，是把物体放在观察者与投影面之间，从投影方向看是"人、物、图"的关系，如图 8-9 所示。

而采用第三角画法时，是把投影面放在观察者与物体之间，从投影方向看是"人、图、物"的关系，如图 8-10 所示。投影时就好像隔着"玻璃"看物体，将物体的轮廓形状印在"玻璃"（投影面）上。

2. 第一角和第三角画法的识别符号

在国际标准中规定，可以采用第一角画法，如图 8-11（a）所示，也可以采用第三角画法，如图 8-11（b）所示。为了区别这两种画法，规定在标题栏中专设的格内用规定的识别符号表示。GB/T 14692—1993 中规定的识别符号如图 8-11 所示。

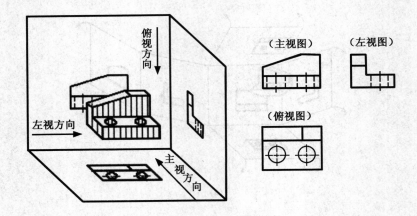

图 8-9　第一角画法原理

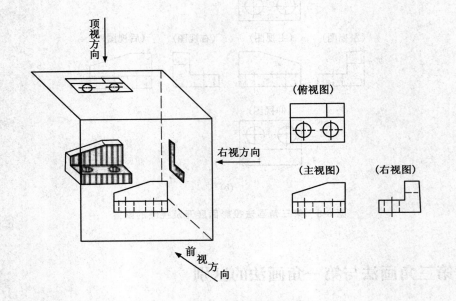

图 8-10　第三角画法原理

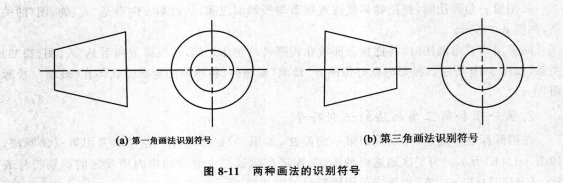

(a) 第一角画法识别符号　　　　　　　　　(b) 第三角画法识别符号

图 8-11　两种画法的识别符号

任务二　画弯板形机件的视图

【教学目标】

知识目标
1. 熟练画出弯板形机件的视图。
2. 掌握机件表达方法的选用原则。

技能目标
1. 掌握机件表达方法的选用原则。
2. 能针对具体的机件,根据其结构特点,确定正确的表达方案。

【任务导入】

　　三视图是表达物体形状的基本方法,而不是唯一方法。有时,由于物体形状复杂,需要增加视图数量;有时,为了画图方便,需要采用各种辅助视图。

【任务准备】

　　画斜视图时增设的投影面只垂直于一个基本投影面,因此,机件上原来平行于基本投影面的一些结构,在斜视图中最好以波浪线为界而省略不画,以避免出现失真的投影。在基本视图中也要注意处理好这类问题,如图 8-13 中不用俯视图而用"A"向视图,即是一例。

【任务实施】

一、画图要求

　　画出图 8-12 的视图,选出最佳表达方案。

二、画图步骤

1. 分组画图
组内学生观察挂图 8-12,通过互相学习和交流画视图。

2. 互评互学
组与组之间展开互评,然后学生针对自己存在的问题
进行修改。最后让学生选出最佳方案。

3. 老师点评
对学生在画图中出现的问题进行分析强调。

图 8-12　弯板形机件

三、任务完成情况的评估

通过讨论分析使学生能针对具体的机件,根据其结构特点,得出最优方案(图 8-13),并掌握掌握机件表达方法的选用原则。

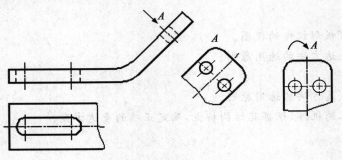

图 8-13 弯板形机件视图

【知识链接】

弯板形机件,它的倾斜部分在俯视图和左视图上的投影都不是实形。此时就可以另外加一个平行于该倾斜部分的投影面,在该投影面上则可以画出倾斜部分的实形投影,如图 8-13 中的"A"所示。斜视图的标注方法与局部视图相似,并且应尽可能配置在与基本视图直接保持投影联系的位置,也可以平移到图纸内的适当地方。为了画图方便,也可以旋转,但必须在斜视图上方注明旋转标记,如图 8-13 所示。

画斜视图时增设的投影面只垂直于一个基本投影面,因此,机件上原来平行于基本投影面的一些结构,在斜视图中最好以波浪线为界而省略不画,以避免出现失真的投影。在基本视图中也要注意处理好这类问题,如图 8-13 中不用俯视图而用"A"向视图,即是一例。

【知识拓展】

视图主要用来表达机件的外部形状,之所以产生多种视图,一方面是由于要适应机件结构形状的多样性,尽量避免在视图中出现失真的投影,例如斜视图即属这种情况;另一方面是为了让视图尽可能只表达机件可见部分的轮廓,避免使用虚线,减少重叠的层次,增加图形的清晰形,局部视图、右视图、仰视图等都有这样的作用。

项目九　看阀体的零件图

【学习目标】

1. 理解剖视图的形成。
2. 掌握金属剖面线的画法。
3. 掌握剖视图的形成以及画剖视图应注意的问题。
4. 掌握全剖视图、半剖视图、局部剖视图的画法、标注方法和应用场合。
5. 会画阀体的视图。
6. 掌握机件表达方法的选用原则。
7. 能针对具体的机件,根据其结构特点,确定正确的表达方案。

任务一　掌握剖视图的画法

【教学目标】

知识目标

1. 理解剖视图的形成。
2. 掌握金属剖面线的画法。
3. 掌握剖视图的形成以及画剖视图应注意的问题。
4. 掌握全剖视图、半剖视图、局部剖视图的画法、标注方法和应用场合。

技能目标

1. 掌握剖视图的画法及标注。
2. 掌握机件表达方法的选用原则。
3. 能针对具体的机件,根据其结构特点,确定正确的表达方案。

【任务导入】

六个基本视图基本解决了机件外形的表达问题,但当零件的内部结构较复杂时,视图的虚线也将增多,这样给看图和标注尺寸都带来了不便,因此,为了清楚地表达机件的内形,常采用剖视图的画法。国家标准 GB/T 17452—1999 和 GB/T 4458.6—2002 规定了剖视图画法。

【任务准备】

一、剖视图的形成与标注

1. 剖视图的概念

用假想的剖切面(平面或曲面)剖开如图 9-1(a)所示的机件,然后将处在观察者和剖切面之间的部分移去,而将其余部分向投影面投射所得的图形称为剖视图,简称剖视。剖视图的形成过程如图 9-1(b)所示。图 9-1(c)中主视图即为机件的剖视图。

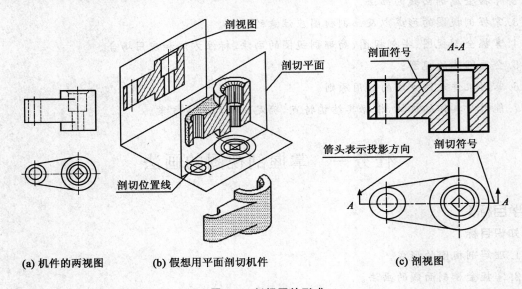

(a) 机件的两视图　　**(b) 假想用平面剖切机件**　　**(c) 剖视图**

图 9-1　剖视图的形成

2. 剖视图的标注

剖视图通常按投影关系配置在相应位置上如图 9-1(c)所示,必要时可以配置在其他的适当位置。一般应进行标注。标注的内容包括下述两方面:

(1)剖切符号。剖切符号由表示剖切面起、止和转折位置的长度约为 6 mm,线宽约 1.5 mm 的粗短线及表示投射方向的箭头组成,如图 9-1(c)所示。

(2)剖视图的名称。在剖切符号起、止和转折处注上大写拉丁字母,在相应剖视图的上方用相同的字母标注剖视图的名称"*X-X*",如图 9-1(c)中的"*A-A*"。

在下列情况下,剖视图的标注内容可以简化或省略。

①当剖视图按投影关系配置,中间又没有其他图隔开时,可省略箭头。

②当单一剖切平面通过物体的对称平面或基本对称平面,且剖视图按投影关系配置,中间又没有其他图形隔开时,可省略标注,如图 9-2 所示。

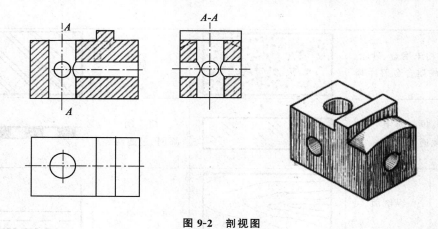

图 9-2 剖视图

二、剖视图的画法

(1)确定剖切面位置时,通常选择所需表达的内部结构的对称平面,并且平行于基本投影面。如图 9-1 所示。

(2)剖切后,留在剖切面之后的部分,应全部向投影面投射。只要是看得见的线、面的投影都应画出,如图 9-1(c)所示。应特别注意空腔中线、面的投影。

(3)假想剖切面与机件接触的实体部分称为剖面。剖面应画出剖面符号。物体的材料不同,剖面符号也不相同。画图时,应用采国家标准 GB/T 4457.5—2013 规定的剖面符号,常见材料的剖面符号见表 9-1。

表 9-1 常见材料的剖面符号

金属材料 (已有规定剖面符号者除外)		胶合板 (不分层数)	
线圈绕组元件		基础周围的泥土	
转子、电枢、变压器和 电抗器等的迭钢片		混凝土	
非金属材料 (已有规定剖面符号者除外)		钢筋混凝土	

续表 9-1

型砂、填砂、粉末冶金、砂轮、陶瓷刀片、硬质合金刀片等	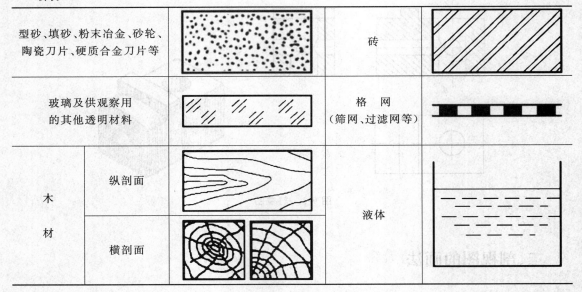	砖	
玻璃及供观察用的其他透明材料		格　网 （筛网、过滤网等）	
木 材	纵剖面	液体	
	横剖面		

金属材料的剖面符号又称剖面线，应画成与水平方向成 45°的互相平行、间隔均匀的细实线。在同一张图纸中，同一机件各个视图的剖面符号应相同。但是如果图形的主要轮廓线与水平方向成 45°或接近 45°时，该图剖面线应画成与水平方向成 30°或 60°角，其倾斜方向仍应与其他视图的剖面线一致，如图 9-3 所示。

画剖视图应注意的问题：

（1）剖视只是一种表达机件内部结构的方法，并不是真正剖开和拿走一部分。因此，除剖视图以外，其他视图要按原来形状画出，如图 9-1、图 9-2 中的俯视图。

（2）剖视图中一般不画虚线，但如果画少量虚线可以减少视图数量，而又不影响剖视图的清晰时，也可以画出这种虚线，如图 9-2 中的左视图。

（3）机件剖开后，凡是看得见的轮廓线都应画出，不能遗漏。要仔细分析剖切平面后面的结构形状，分析有关视图的投影特点，以免画错。

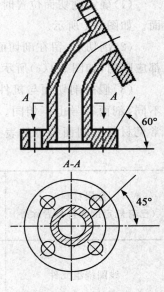

图 9-3　剖视图

【任务实施】

一、画图要求

用最简洁、清晰的方式表达如图 9-4 所示的机件。

图 9-4　机件立体图

二、画剖视图的步骤

（1）画出机件的视图，如图 9-5（a）所示（熟练掌握了剖视图画法后，可以省略这一步）。

（2）确定假想剖切面的位置，如图 9-5（b）所示。

（3）画出剖面区域轮廓的投影，并填充剖面符号，如图 9-5（c）所示。

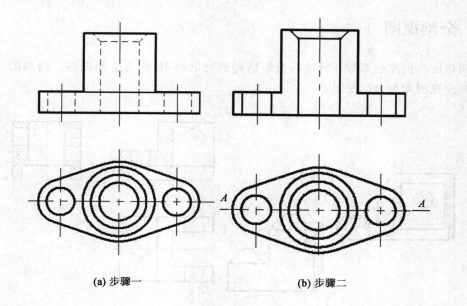

(a) 步骤一　　　　　　　　　　**(b) 步骤二**

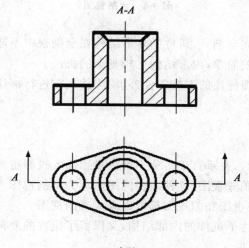

(c) 步骤三

图 9-5　画机件剖视图的过程

【知识链接】

剖视图的种类

为了用较少的图形,把机件的形状完整清晰地表达出来,就必须使每个图形能较多地表达机件的形状。这样,就产生了各种剖视图。按剖切范围的大小,剖视图可分为全剖视图、半剖视图、局部剖视图三种。

一、全剖视图

用剖切面将机件全部剖开后进行投影所得到的剖视图,称为全剖视图。例如图 9-6 中的主视图和左视图均为全剖视图。

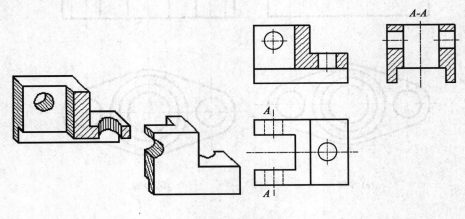

图 9-6　全剖视图

由于全剖视图将机件完全剖开,机件的外形结构在全剖视中不能完全表达,因此全剖视图一般用于表达外部形状比较简单,内部结构比较复杂的机件。

全剖视图除符合剖视图标注的省略条件外,均应按规定进行标注。

二、半剖视图

当机件具有对称平面时,在垂直于对称平面的投影面上投影得到的图形,以对称中心线为界,一半画成剖视图,一半画成视图,这种组合的图形称为半剖视图。如图 9-7 所示,机件左右及前后都对称,所以它的主视图和俯视图都可以画成半剖视图。

半剖视图既充分地表达了机件的内部结构,又保留了机件的外部形状,因此它适用于内外形状都比较复杂的对称机件。

画半剖视图时应注意以下几点:

(1)只有物体对称时,才能在与对称面垂直的投影面上作半剖视图。但当物体的形状基本对称,且不对称部分已在其他视图中表达清楚时,也可以采用半剖视图,如图 9-8 所示。

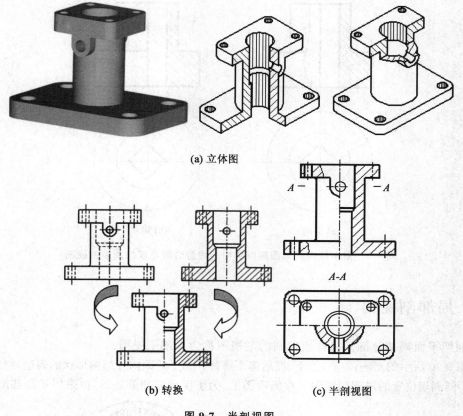

(a) 立体图

(b) 转换

(c) 半剖视图

图 9-7　半剖视图

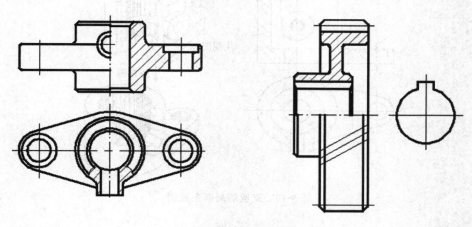

图 9-8　半剖视图

（2）半个剖视与半个视图必须以细点画线为界，如图 9-7（c）、图 9-8 所示。如果图中轮廓线与图形对称中心线重合，则不能采用半剖视图，如图 9-9 所示。

（3）机件内部形状已在半剖视图中表达清楚的，在另一半表达外形的视图中一般不再画出虚线。

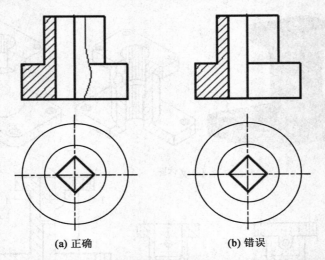

(a) 正确　　　　　　　　　　　(b) 错误

图 9-9　图中轮廓线与图形对称中心线重合时不能采用半剖视图

三、局部剖视图

用剖切平面局部地剖开机件所得到的剖视图称为局部剖视图。

如图 9-10 所示的支座，左右、上下、前后都不对称。为了兼顾内外结构形状的表达，将主视图画成两个不同剖切位置的局部剖视图。在俯视图上，为了保留的顶部外形，也采用了局部剖视图。

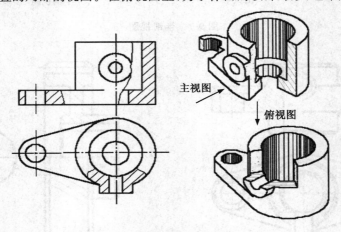

主视图

俯视图

图 9-10　支座的局部剖视图

局部剖视是一种比较灵活的表达方法，剖切范围根据实际需要决定，运用得当，可使图形简洁而清晰，它常用于下列情况：

(1)不对称机件需要同时表达其内、外形状时，或者当机件只有局部内部结构需要表达，而又不必或不宜采用全剖视图宜采用局部剖视图，如图 9-11 所示。

(2)当实心机件(如轴、杆等)上面的孔或槽等局部结构需剖开表达时，如图 9-12 所示。

(3)当机件的轮廓线与对称中心线重合，不宜采用半剖视图时，如图 9-13 所示。

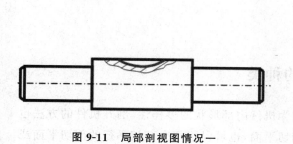

图 9-11　局部剖视图情况一

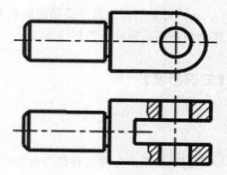

图 9-12　局部剖视图情况二

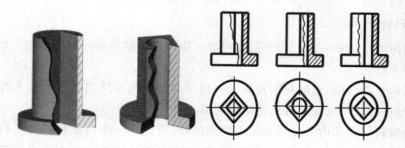

图 9-13　局部剖视图情况三

画局部剖视图时应注意以下几个方面：

(1)当被剖的局部结构为回转体时,允许将该结构的中心线作为局部剖视与视图的分界线,如图 9-14 所示。

(2)局部剖视图中,视图部分和剖视部分一般以波浪线为分界线。波浪线应画在机件的实体部分,不能超出视图的轮廓线或与图样上其他图线重合,如图 9-15 所示。

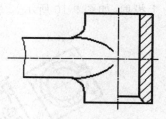

图 9-14　局部剖视图

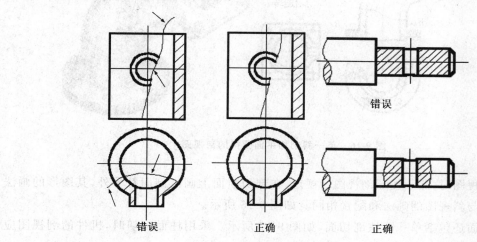

错误　　　　　　　　正确

错误　　　　　　　正确　　　　　　正确

图 9-15　局部剖视图的波浪线的画法

（3）对于剖切位置明显局部剖视图，一般不予标注，如图 9-10 到图 9-15 所示。必要时，可按全剖视图的标注方法标注。

【知识拓展】

剖切面的种类

剖视图是假想将机件剖开而得到的视图，因为机件内部形状的多样性，剖开机件的方法也不尽相同。国家标准规定：剖切面可以是单一剖切平面，也可以用几个互相平行的剖切平面或相交的剖切平面。绘图时，应根据物体的结构特点，恰当地选用剖切面。

1. 单一剖切平面

单一剖切面通常指单一的剖切平面或柱面。应用最多的是单一剖切平面。单一剖切平面一般为投影面平行面。

前面介绍的全剖视图、半剖视图和局部剖视图的例子都是采用平行于基本投影面的单一剖切平面剖开机件的，可见这种方法应用最普遍。

当机件上倾斜部分的内部结构形状需要表达时，可选用一个与倾斜部分平行且垂直于某一基本投影面的剖切平面剖开机件，然后将剖切平面后面的机件向与剖切平面平行的投影面上投射，如图 9-16 所示。

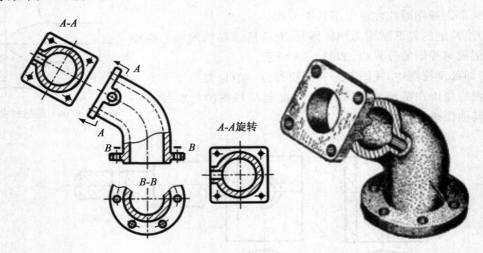

图 9-16 单一斜剖切平面获得的剖视图

采用斜剖视图时，除了按照剖视图的规定，在剖切断面上画出剖面符号外，其图形的画法和位置的配置与斜视图的画法和配置相同。如图 9-16 所示。

单一剖切面还包括单一圆柱剖切面，如图 9-17 所示。采用柱面剖切时，机件的剖视图应按展开方式绘制。

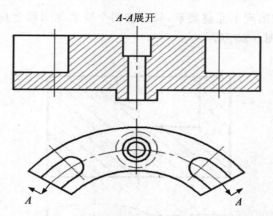

图 9-17　柱面剖切时机件的剖视图应按展开方式绘制

2.几个互相平行的剖切平面

当机件的内部结构位于几个平行平面上时,可采用几个平行的剖切平面来剖切。

例如图 9-18(a)所示机件,内部结构(小孔和沉孔)的中心位于两个平行的平面内,不能用单一剖切平面剖开,而是采用两个互相平行的剖切平面将其剖开,主视图即为采用两个相互平行的剖切平面剖切得到的全剖视图,如图 9-18(c)所示。

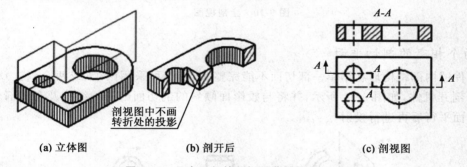

(a) 立体图　　　　**(b) 剖开后**　　　　**(c) 剖视图**

图 9-18　几个平行的剖切面获得的全剖视图

采用这种剖切平面画剖视图时应注意以下几个方面的问题。

(1)因为剖切是假想的,所以在剖视图上不应画出剖切平面转折的界限,如图 9-19 所示。

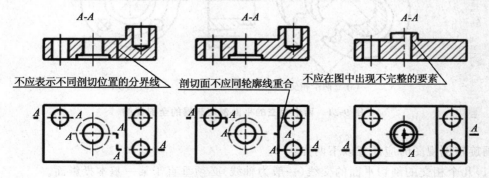

图 9-19　几个平行的剖切面获得的全剖视图

（2）在剖视图中不应出现不完整要素，只有当两个要素在图形上具有公共对称中心线或轴线时，方可各画一半，如图 9-20 所示。

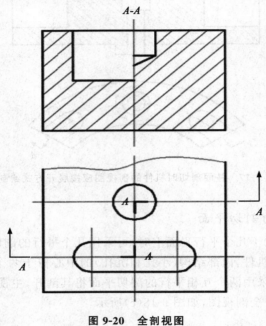

图 9-20　全剖视图

3. 两个相交的剖切平面

当机件的内部结构形状用单一剖切面不能完整表达时，可采用两个（或两个以上）相交的剖切平面剖开机件，如图 9-21 所示，并将与投影面倾斜的剖切面剖开的结构及有关部分旋转到与投影面平行后再进行投射。

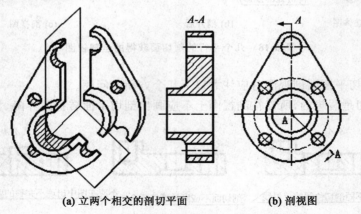

(a) 立两个相交的剖切平面　　　　　　　(b) 剖视图

图 9-21　两个相交的平面剖切获得的全剖视图

画旋转剖视图时应注意以下两点：

（1）几个相交的剖切平面的交线（一般为轴线）必须垂直于某一基本投影面。

（2）应按先剖切后旋转的方法绘制剖视图，如图 9-22 所示，使剖开的结构及其有关部分旋转到与某一选定的基本投影面平行后投射。此时旋转部分的某些结构与原图形不再保持投影关系,如图 9-22 所示。但剖切平面后面的结构,一般应按原来的位置画出它的投影,如图 9-22 中的油孔,仍按原来的位置投射。

(3)采用这种剖切剖切后,应对视图加以标注,标注方法如图 9-21、图 9-22 所示。

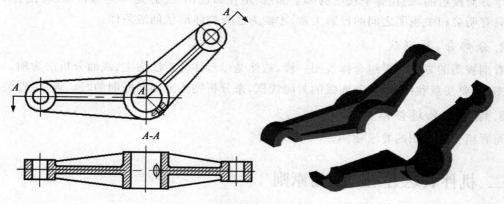

图 9-22 两个相交的平面剖切获得的全剖视图

任务二 看阀体视图

【教学目标】

知识目标

1.掌握看剖视图的方法与步骤。

2.掌握圆弧连接的画法。

3.掌握手柄平面图形的绘制方法及尺寸标注。

技能目标

1.培养学生识图和绘图的能力。

2.提高学生分析与解决问题的能力

【任务导入】

零件图是设计部门提交给生产部门的重要技术文件,它不仅反映了设计者的设计意图,而且表达了零件的各种技术要求,如尺寸精度、表面粗糙度等,工艺部门要根据零件图制造毛坯、制订工艺规程、设计工艺装备等。所以,零件图是制造和检验零件的重要依据。

【任务准备】

一、看剖视图的方法与步骤

剖视图泛指基本视图和辅助视图(局部视图、斜视图和向视图)、剖视图、断面视图及其他方法绘制的视图,其具有灵活的表达方式,看剖视图要掌握以下的方法。

    1. 弄清各视图间的联系

先找出主视图,再根据其他视图的位置与名称,分析哪些是视图、剖视图和断面图,它们是从哪个方向投射的,是在哪个视图的哪个部位、用什么面剖切的,是不是移位、旋转配置的,等等。只有明确相关视图之间的投影关系,才能为想象物体形状创造条件。

    2. 分部分,想形状

看剖视图的方法与看组合体视图一样,依然是以形体分析法为主、线面分析法为辅。但看剖视图时,要注意利用有、无剖面线的封闭线框,来分析物体上面与面间的"远、近"位置关系。

    3. 综合起来想整体

与看组合体视图的要求相同。

二、机件表达方案的选用原则

实际绘图时,各种表达方法应根据机件结构的具体情况选择使用。

在选择表达机件的图样时,首先应考虑看图方便,并根据机件的结构特点,用较少的图形,把机件的结构形状完整、清晰地表达出来。在这一原则下,还要注意所选用的每个图形,它既要有各图形自身明确的表达内容,又要注意它们之间的相互联系。

【任务实施】

一、看图要求

通过分析形体,想象出各部分的空间形状,再按它们之间的相对位置组合起来,便可想象出阀体的整体形状,掌握表达方法的综合运用。

二、看图步骤

    1. 图形分析

阀体的表达方案共有五个图形:两个基本视图(全剖主视图"B-B"、全剖俯视图"A-A")、一个局部视图("D"向)、一个局部剖视图("C-C")和一个斜剖的全剖视图("E-E 旋转")。

主视图"B-B"是采用旋转剖画出的全剖视图,表达阀体的内部结构形状;俯视图"A-A"是采用阶梯剖画出的全剖视图,着重表达左、右管道的相对位置,还表达了下连接板的外形及 $4 \times \phi 5$ 小孔的位置。

"C-C"局部剖视图,表达左端管连接板的外形及其上 $4 \times \phi 4$ 孔的大小和相对位置;"D"向局部视图,相当于俯视图的补充,表达了上连接板的外形及其上 $4 \times \phi 6$ 孔的大小和位置。因右端管与正投影面倾斜 45°,所以采用斜剖画出"E-E"全剖视图,以表达右连接板的形状。

2.形体分析

由图 9-23 分析中可见,阀体的构成大体可分为管体、上连接板、下连接板、左连接板、右连接板五个部分。

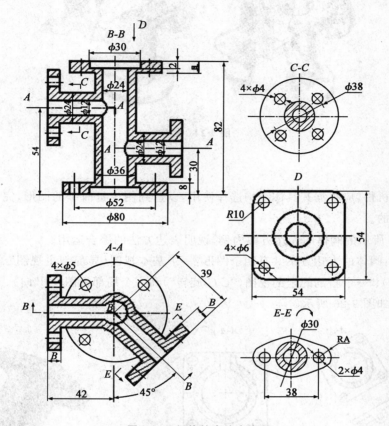

图 9-23　阀体的表达方案

管体的内外形状通过主、俯视图已表达清楚,它是由中间一个外径为 36、内径为 24 的竖管,左边一个距底面 54、外径为 24、内径为 12 的横管,右边一个距底面 30、外径为 24、内径为 12、向前方倾斜 45° 的横管三部分组合而成。三段管子的内径互相连通,形成有四个通口的管件。

阀体的上、下、左、右四块连接板形状大小各异,这可以分别由主视图以外的四个图形看清它们的轮廓,它们的厚度为 8 。

三、任务完成情况的评估

通过分析形体,想象出各部分的空间形状,再按它们之间的相对位置组合起来,想象出阀体的整体形状(图 9-24)。

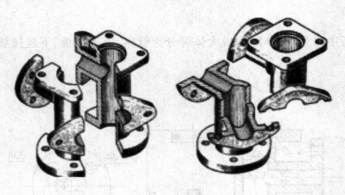

图 9-24　阀体

【知识链接】

　　对于一个机件,应根据其具体结构选择使用,以达到用少量简练的图形,完整清晰地表达机件形状的目的。

　　以图 9-25 所示的阀体的表达方案为例,说明表达方法的综合运用。

　　图形分析:阀体的表达方案共有四个图形:一个基本视图(局部剖主视图)、一个斜剖的全剖视图("C-C")、一个斜剖的全剖视图("C-C 旋转")和一个局部视图("B"向)。

　　立体结构如图 9-26 所示。

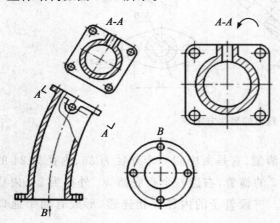

图 9-25　阀体的表达方案

图 9-26　阀体立体结构

【知识拓展】

　　对于一个机件,应根据其具体结构选择使用,以达到用少量简练的图形,完整清晰地表达机件形状的目的。

　　根据阀体的表达方案的特点,从而推广到对于一般机件如何确定表达方案,总的原则是根据机件的特点,灵活选用表达方法,用较少的图形,将机件的内、外结构表达清楚。

任务三 看球阀阀体视图

【教学目标】

知识目标

1. 了解零件图的作用和内容。

2. 掌握读零件图的方法和步骤。

技能目标

1. 学会如何读懂零件图。

2. 掌握机件表达方案的选择。

【任务导入】

一张零件图包括一组视图、尺寸标注、技术要求的说明。通过读零件图,想象出零件的形状,并对零件的名称、尺寸、材料、技术要求等有一个概括地了解。

【任务准备】

了解看零件图的方法和步骤。图 9-27 是球阀阀体的零件图。

一、看零件图的要求

了解零件的名称、材料和它在机器或部件中的作用。通过分析视图、尺寸和技术要求,想象零件各组成部分的结构形状和相对位置,想象零件的具体结构。

二、看零件图的方法

看零件图的基本方法仍然是形体分析法和线面分析法。在较复杂的零件图中,通常采用多个视图对各部分结构进行表达,先看主要部分,后看次要部分;先看容易确定、能够看懂的部分,后看难以确定、不易看懂的部分;先看整体轮廓,后看细部结构。对于箱体类零件,由于内部结构较为复杂,因此,多采用剖视的表达方法,下面介绍一下看剖视图的方法和步骤:

1. 明确剖视图的剖切位置及投射方向

由于剖视图与剖切位置及投射方向有着密切的关系,因此看剖视图时必须弄清剖视图的剖切位置及投射方向,这样才能有效地进行投影分析,并正确想象物体形状。

2. 分线框,对投影,想象每一部分内、外形状

有剖面符号的封闭线框是机体与剖切平面相交的断面,是机体的实体部分;而不画剖面符号的空白封闭线框,一般情况下表示空腔形状,或剖切平面后面的结构形状。看图时,根据线框形状想象每一部分的内、外形状。

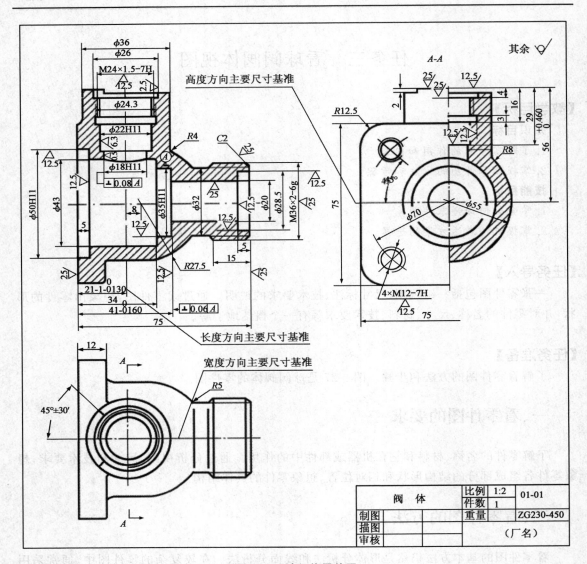

图 9-27　读阀体零件图

3.综合想象机件的内、外形状

在剖视图中,机件的内部形状总是由空白线框决定的,只要将空白线框按视图的"三等"关系和"方位"关系,在其他视图上找到对应的线框就可确定其位置和形状。但剖视图中的空白线框,有的是特征线框,能明确表示其内部形状;有的不是特征线框,则仅能表示剖切平面处的空腔范围,或剖切平面后面的结构,不能确定其具体形状,这时,就必须通过其他视图找到剖切位置及对应的特征线框,以想象其形状。

三、分析尺寸和技术要求

分析零件图上的尺寸,首先要找出三个方向的尺寸基准,找出各组成部分的定形尺寸、定位尺寸及总体尺寸。分析技术要求可以了解零件各部分结构的加工要求。

四、综合归纳

通过对形体、尺寸和技术要求几方面的分析，将全部信息和资料进行一次综合、归纳，即可得到对该零件的全面了解和认识。

【任务实施】

如图 9-27 所示，读球阀阀体的零件图。

一、概括了解

从标题栏可获得如下信息：该零件为阀体，属箱体类零件，材料是铸钢（ZG230-450），按 1∶2 比例进行绘制。

二、分析视图，想象形状

该阀体用三个基本视图表达它的内外形状。主视图采用全剖视，主要表达内部结构形状。俯视图表达外形。左视图采用 A-A 半剖视，补充表达内部形状及安装底板的形状。

读图时先从主视图开始，阀体左端通过螺柱和螺母与阀盖连接，形成球阀容纳阀芯的 $\phi 43$ 空腔，左端的 $\phi 50H11$ 圆柱形槽与阀盖的圆柱形凸缘相配合；阀体空腔右侧 $\phi 35H11$ 圆柱形槽，用来放置球阀关闭时不泄露流体的密封圈；阀体右端有用于连接系统中管道的外螺纹 $M36 \times 2$，内部阶梯孔 $\phi 28.5$、$\phi 20$ 与空腔相通；在阀体上部的 $\phi 36$ 圆柱体中，有 $\phi 26$、$\phi 22H11$、$\phi 18H11$ 的阶梯孔与空腔相通，在阶梯孔内容纳阀杆、填料压紧套；阶梯孔顶端 90° 扇形限位凸块（对照俯视图），用来控制扳手和阀杆的旋转角度。

通过上述分析，对于阀体在球阀中与其他零件之间的装配关系比较清楚了。然后再对照阀体的主、俯、左视图综合想象它的形状：球形主体结构的左端是方形凸缘；右端和上部都是圆柱形凸缘，凸缘内部的阶梯孔与中间的球形空腔相通。

三、分析尺寸

以阀体水平轴线为径向（高度方向）尺寸基准，注出水平方向的径向直径尺寸 $\phi 50H11$、$\phi 35H11$、$\phi 20$ 和 $M36 \times 2$ 等。同时还要注出水平轴线到顶端的高度尺寸 $56^{+0.460}_{0}$（在左视图上）。

以阀体垂直孔的轴线为长度方向尺寸基准，注出铅垂方向的径向直径尺寸 $\phi 36$、$M24 \times 1.5$、$\phi 22H11$、$\phi 18H11$ 等。同时还要注出铅垂孔轴线与左端面的距离 $21^{+0.460}_{0}$。

以阀体前后对称面为宽度方向尺寸基准，注出阀体的圆柱体外形尺寸 $\phi 55$、左端面方形凸缘外形尺寸 75×75，以及四个螺孔的定位尺寸 $\phi 70$。同时还要注出扇形限位块的角度定位尺寸 $45° \pm 30'$（在俯视图上）。

四、了解技术要求

通过上述尺寸分析可以看出,阀体中的一些主要尺寸多数都标注了公差代号或偏差数值,如上部阶梯孔($\phi22H11$)与填料压紧套有配合关系、($\phi18H11$)与阀杆有配合关系,与此对应的表面粗糙度要求也较高 Ra 值为 $6.3\ \mu m$。阀体左端和空腔右端的阶梯孔 $\phi50H11$、$\phi35H11$ 分别与密封圈有配合关系,因为密封圈的材料是塑料,所以相应的表面粗糙度要求稍低,Ra 值为 $12.5\ \mu m$。零件上不太重要的加工表面的表面粗糙度 Ra 值为 $25\ \mu m$。

主视图中对于阀体的形位公差要求是:空腔右端与相对水平轴线的垂直度公差为 0.06;$\phi18H11$ 圆柱孔相对 $\phi35H11$ 圆柱孔的垂直度公差为 0.08。

【知识链接】

机件表达方案的选择

实际绘图时,各种表达方法应根据机件结构的具体情况选择使用。

在选择表达机件的图样时,首先应考虑看图方便,并根据机件的结构特点,用较少的图形,把机件的结构形状完整、清晰地表达出来。在这一原则下,还要注意所选用的每个图形,它既要有各图形自身明确的表达内容,又要注意它们之间的相互联系。

一、主视图选择

主视图的选择应遵循两条原则:

(1)应反映零件的主要形状特征,以及各形状之间的位置关系。

(2)尽可能反映零件的加工位置或工作位置,当这些位置难以确定时,应选择自然放置位置。

如图 9-28(a)中的滑动轴承座的位置既是加工位置,也是工作位置。从 A 向投射得到如图(b)的主视图,从 B 向投射得到如图(c)的主视图。比较可知,选择 A 向作为主视图投射方向较好。

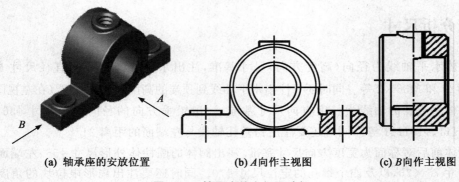

(a) 轴承座的安放位置   (b) A向作主视图   (c) B向作主视图

图 9-28 轴承座的主视图选择

二、其他视图及表达方案的选择

若主视图未能完全表达零件的内、外结构或形状,就应选择其他视图或表达方案进行补充。应注意以下几个问题:

(1)尽量选用基本视图并在基本视图上作适当地剖视等表达方法,表达零件主要部分的内部结构。

(2)为表达零件的局部形状或倾斜部分的内部形状,在采用局部视图或斜剖视图时,应尽可能按投影关系配置在有关视图附近。

(3)对细小结构,可采用局部放大图。

(4)每一个视图都应有表达的重点,各个视图要互相配合、补充而不简单重复。

轴承座表达方案如图 9-29 所示。主视图能够较集中地反映轴承座的整体和各部分的形状特征;左视图采用全剖反映了轴承座的内部结构,如轴承孔、凸台螺孔等结构以及他们之间的相对位置关系等;俯视图补充表达凸台和底板的形状特征。

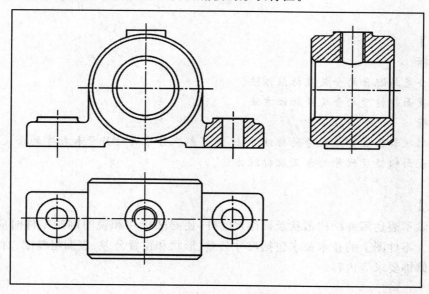

图 9-29　轴承座表达方案

项目十　画轴的零件图

【学习目标】
　　1.掌握零件图中技术要求的含义和标注方法。
　　2.掌握螺纹紧固件的规定标记和螺纹连接画法。
　　3.掌握轴类零件图的表达方法。
　　4.掌握机件的其他表达方法。

任务一　掌握零件图的技术要求

【教学目标】
　　知识目标
　　1.掌握公差与配合的含义及标注方法。
　　2.掌握表面粗糙度的含义及标注方法。
　　技能目标
　　1.掌握形状和位置公差代号的标注方法,能了解代号中各种符号和数字的含义。
　　2.掌握表面粗糙度代号的含义及标注方法。

【任务导入】
　　零件图除了表达零件结构形状及标注尺寸外,还必须标注和说明制造零件时应达到的一些技术要求。零件图上的技术要求包括尺寸公差、形状和位置公差、表面粗糙度、材料要求、热处理及表面修饰要求等内容。

【任务准备】

一、公差与配合

1.互换性

　　在日常生活中,自行车或汽车的某些零件坏了,买个新的换上,就能继续使用,在现代机械生产中,要求制造出来的同一批零件,不经修配和辅助加工,任取一个就可以顺利装到机器上去,并能满足机器性能的要求,零件的这种性质称为互换性。零件具有互换性,不但给装配和修理机器带来方便,还可以采用专用设备生产,提高了产品的加工效率和质量,同时降低了产品的生产成本。因此,我国制定了相应的国家标准,在生产中必须严格执行和遵守。

2.公差与配合的基本概念

在加工过程中,由于机床精度、刀具磨损、测量误差等因素的影响,不可能把零件的尺寸做得绝对准确,为了保证互换性,必须将零件尺寸的加工误差限制在一定的范围内,规定出加工尺寸的允许变动量,这个变动量称为尺寸公差。

基本尺寸:设计时确定的尺寸称为基本尺寸,如图 10-1 中的 φ50。

最大极限尺寸:零件实际尺寸所允许的最大值。

最小极限尺寸:零件实际尺寸所允许的最小值。

上偏差:最大极限尺寸和基本尺寸的差。孔的上偏差代号为 ES,轴的上偏差代号为 es。

下偏差:最小极限尺寸和基本尺寸的差。孔的下偏差代号为 EI,轴的下偏差代号为 ei。

上、下偏差可以是正值、负值或零。

公差:允许尺寸的变动量,公差等于最大极限尺寸和最小极限尺寸的差。

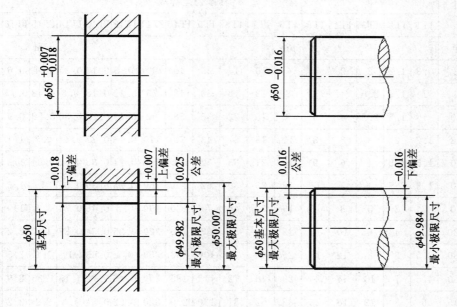

图 10-1　公差与配合的基本概念

3.公差带和公差带图

公差带表示公差大小和相对于零线位置的一个区域。用零线表示基本尺寸,上方为正,下方为负,用矩形的高表示尺寸的变化范围(公差),矩形的上边代表上偏差,矩形的下边代表下偏差,距零线近的偏差为基本偏差,矩形的长度无实际意义,这样的图形叫公差带图。如图 10-2 所示。

4.公差等级和标准公差

公差等级是指确定尺寸精确程度的等级。国家标准(GB/T 1800)将公差划分为 20 个等级,分别为 IT01、IT0、IT1、IT2、IT3、…、IT17、IT18。其中 IT01 精度最高,IT18 精度最低。

标准公差是指用以确定公差带大小的由国家标准规定的公差值,其大小由两个因素决定,一个是公差等级,另一个是基本尺寸。对于一定的基本尺寸,公差等级愈高,标准公差值愈小,

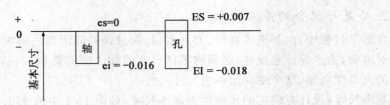

图 10-2　公差带图

尺寸的精确程度愈高。国家标准按不同的公差等级列出了各段公称尺寸的公差值,为标准公差,见表 10-1。

表 10-1　标准公差数值表

基本尺寸 /mm		标准公差等级																	
		IT1	IT2	IT3	IT4	IT5	IT6	IT7	IT8	IT9	IT10	IT11	IT12	IT13	IT14	IT15	IT16	IT17	IT18
大于	至	μm											mm						
—	3	0.8	1.2	2	3	4	6	10	14	25	40	60	0.1	0.14	0.25	0.4	0.6	1	1.4
3	6	1	1.5	2.5	4	5	8	12	18	30	48	75	0.12	0.18	0.3	0.48	0.75	1.2	1.8
6	10	1	1.5	2.5	4	6	9	15	22	36	58	90	0.15	0.22	0.36	0.58	0.9	1.5	2.2
10	18	1.2	2	3	5	8	11	18	27	43	70	110	0.18	0.27	0.43	0.7	1.1	1.8	2.7
18	30	1.5	2.5	4	6	9	13	21	33	52	84	130	0.21	0.33	0.52	0.84	1.3	2.1	3.3
30	50	1.5	2.5	4	7	11	16	25	39	62	100	160	0.25	0.39	0.62	1	1.6	2.5	3.9
50	80	2	3	5	8	13	19	30	46	74	120	190	0.3	0.46	0.74	1.2	1.9	3	4.6
80	120	2.5	4	6	10	15	22	35	54	87	140	220	0.35	0.54	0.87	1.4	2.2	3.5	5.4
120	180	3.5	5	8	12	18	25	40	63	100	160	250	0.4	0.63	1	1.6	2.5	4	6.3
180	250	4.5	7	10	14	20	29	46	72	115	185	290	0.46	0.72	1.15	1.85	2.9	4.6	7.2
250	315	6	8	12	16	23	32	52	81	130	210	320	0.52	0.81	1.3	2.1	3.2	5.2	8.1
315	400	7	9	13	18	25	36	57	89	140	230	360	0.57	0.89	1.4	2.3	3.6	5.7	8.9
400	500	8	10	15	20	27	40	63	97	155	250	400	0.63	0.97	1.55	2.5	4	6.3	9.7
500	630	9	11	16	22	32	44	70	110	175	280	440	0.7	1.1	1.75	2.8	4.4	7	11
630	800	10	13	18	25	36	50	80	125	200	320	500	0.8	1.25	2	3.2	5	8	12.5
800	1000	11	15	21	28	40	56	90	140	230	360	560	0.9	1.4	2.3	3.6	5.6	9	14
2000	2500	22	30	41	55	78	110	175	280	440	700	1100	1.75	2.8	4.4	7	11	17.5	28
2500	3150	26	36	50	68	96	135	210	330	540	860	1350	2.1	3.3	5.4	8.6	13.5	21	33

注:1. 基本尺寸大于 500 mm 的 IT1～IT5 的标准公差数值为试行。

2. 基本尺寸小于等于 1 mm 时,无 IT14～IT18。

5.基本偏差

基本偏差是指用以确定公差带相对于零线位置的上极限偏差或下极限偏差。在公差带图上把靠近零线的极限偏差称为基本偏差。若公差带在零线上方,基本偏差是指下偏差,若公差带在零线下方,基本偏差是指上偏差。国家标准规定轴、孔各有 28 个基本偏差,用字母或字母组合表示,孔的基本偏差代号用大写字母表示,轴的基本偏差代号用小写字母表示。如图 10-3 所示。基本偏差决定公差带的位置,标准公差决定公差带的高度。孔和轴的基本偏差数值见表 10-2 和表 10-3。

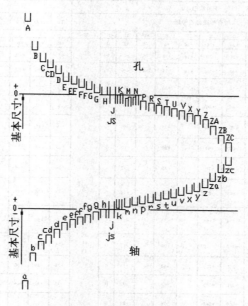

图 10-3　基本偏差系列

由图 10-3 可以看出,轴的基本偏差从 a~h 为上偏差 es,从 j~zc 为下偏差 ei;孔的基本偏差从 A~H 为下偏差 EI,从 J~ZC 为上偏差 EI。js 和 JS 的上、下偏差公别为 +IT/2 和 −IT/2。

轴和孔的另一极限偏差可根据轴和孔的基本偏差和标准公差按以下代数式计算。

轴的上、下偏差为:es=ei+IT 或 ei=es−IT。

孔的上、下偏差为:ES=EI+IT 或 EI=ES−IT。

6.孔、轴的公差带代号

孔、轴的公差带代号由基本偏差与公差等级代号组成,并且要用同一大小字号书写。

例如:φ50H8 的含义是:公称尺寸为 φ50 mm,公差等级为 8 级、基本偏差为 H 的孔的公差带。

φ52f6 的含义是:公称尺寸为 φ52 mm,公差等级为 6 级、基本偏差为 f 的轴的公差带。

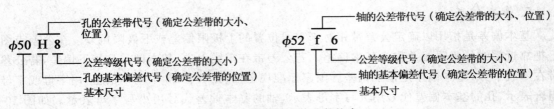

表 10-2　孔的基本偏差数值表

基本尺寸/mm		A	B	C	CD	D	E	EF	F	FG	G	H	JS	J			K		M		N		P至ZC
		下偏差 EI												IT6	IT7	IT8	≤IT8	>IT8	≤IT8	>IT8	≤IT8	IT8	≤IT7
		所有标准公差等级												J			K		M		N		上偏差 ES
大于	至																						
—	3	+270	+140	+60	+34	+20	+14	+10	+6	+4	+2	0		+2	+4	+6	0	0	-2	-2	-4	-4	-4
3	6	+270	+140	+70	+46	+30	+20	+14	+10	+6	+4	0		+5	+6	+10	-1+△		-4+△	-4	-8+△		0
6	10	+280	+150	+80	+56	+40	+25	+18	+13	+8	+5	0		+5	+8	+12	-1+△		-6+△	-6	-10+△		0
10	14	+290	+150	+95		+50	+32		+16		+6	0		+6	+10	+15	-1+△		-7+△	-7	-12+△		0
14	18																						
18	24	+300	+160	+110		+65	+40		+20		+7	0		+8	+12	+20	-2+△		-8+△	-8	-15+△		0
24	30																						
30	40	+310	+170	+120		+80	+50		+25		+9	0		+10	+14	+24	-2+△		-9+△	-9	-17+△		0
40	50	+320	+180	+130																			
50	65	+340	+190	+140		+100	+60		+30		+10	0		+13	+18	+28	-2+△		-11+△	-11	-20+△		0
65	80	+360	+200	+150																			
80	100	+380	+220	+170		+120	+72		+36		+12	0		+16	+22	+34	-3+△		-13+△	-13	-23+△		0
100	120	+410	+240	+180																			
120	140	+460	+260	+200		+145	+85		+43		+14	0		+18	+26	+41	-3+△		-15+△	-15	-27+△		0
140	160	+520	+280	+210																			
160	180	+580	+310	+230																			
180	200	+660	+340	+240		+170	+100		+50		+15	0		+22	+30	+47	-4+△		-17+△	-17	-31+△		0
200	225	+740	+380	+260																			
225	250	+820	+420	+280																			
250	280	+920	+480	+300		+190	+110		+56		+17	0		+25	+36	+55	-4+△		-20+△	-20	-34+△		0
280	315	+1050	+540	+330																			
315	355	+1200	+600	+360		+210	+125		+62		+18	0		+29	+39	+60	-4+△		-21+△	-21	-37+△		0
355	400	+1350	+680	+400																			
400	450	+1500	+760	+440		+230	+135		+68		+20	0		+33	+43	+66	-5+△		-23+△	-23	-40+△		0
450	500	+1650	+840	+480																			
500	560					+260	+145		+76		+22	0					0		-26		-44		
560	630																						
630	710					+290	+160		+80		+24	0					0		-30		-50		
710	800																						
800	900					+320	+170		+86		+26	0					0		-34		-56		
900	1000																						
1000	1120					+350	+195		+98		+28	0					0		-40		-66		
1120	1250																						
1250	1400					+390	+220		+110		+30	0					0		-48		-78		
1400	1600																						
1600	1800					+430	+240		+120		+32	0					0		-58		-92		
1800	2000																						
2000	2240					+480	+260		+130		+34	0					0		-68		-110		
2240	2500																						
2500	2800					+520	+290		+145		+38	0					0		-76		-135		
2800	3150																						

JS 的偏差=$\pm\dfrac{IT_n}{2}$，其中 IT，是 IT 值；公差带 JS7 至 JS11，若 IT，值数为奇数，则取偏差=$\pm\dfrac{IT_n-1}{2}$

J 由公式计算。

注：
1. 基本尺寸小于或等于1 mm时，基本偏差A和B及大于IT8的N均不采用。
2. JS 的偏差=$\pm\dfrac{IT_n}{2}$，其中 IT，是 IT 值；公差带 JS7 至 JS11，若 IT，值数为奇数，则取偏差=$\pm\dfrac{IT_n-1}{2}$ 。
3. 对小于或等于IT8的K、M、N和小于或等于IT7的P至ZC，所需△值从表内右侧选取。例如：18～30 mm 段的K7：△=8 μm，所以 ES=-2+8=+6 μm，18～30 mm 段的S6：△=4 μm，所以 ES=-35+4=-31 μm
4. 特殊情况：250～315 mm 段的M6，ES=-9 μm（代替-11 μm）。

7. 配 合 类 别

在机器装配中,将基本尺寸相同,相互结合的轴和孔公差带之间的关系称为配合。根据机器的设计要求和生产实际的需要,国家标准将配合分为间隙配合、过盈配合和过渡配合三类。如图 10-4 所示。

(1)间隙配合:孔的最小极限尺寸大于轴的最大极限尺寸,此时孔的公差带在轴的公差带之上。此时,孔和轴的相配总是成为具有间隙的配合(包括最小间隙为零),如图 10-4(a)所示。

(2)过盈配合:孔的最大极限尺寸小于轴的最小极限尺寸,此时轴公差带在孔公差带之上。

此时,孔和轴的相配总是成为具有过盈的配合(包括最小过盈为零),如图 10-4(b)所示。

（3）过渡配合:孔和轴之间可能存在间隙,也有可能存在过盈;此时孔、轴公差带互相交叠。此时,孔和轴的相配可能成为具有间隙的配合,也可能成为具有过盈的配合,如图 10-4(c)所示。

表 10-3　轴的基本偏差数值（尺寸≤500 mm）（GB/T 1800.3—1998）

基本偏差（μm）

基本尺寸/mm	上偏差（es）a	b	c	cd	d	e	ef	f	fg	g	h	js	j(5~6)	j(7)	j(8)	k(4~7)	k(>7)	下偏差（ei）m	n	p	r	s	t	u	v	x	y	z	za	zb	zc
≤3	-270	-140	-60	-34	-20	-14	-10	-6	-4	-2	0	±IT/2	-2	-4	-6	0	0	+2	+4	+6	+10	+14	—	+18	—	+20	—	+26	+32	+40	+60
>3~6	-270	-140	-70	-46	-30	-20	-14	-10	-6	-4	0	±IT/2	-2	-4	—	+1	0	+4	+8	+12	+15	+19	—	+23	—	+28	—	+35	+42	+50	+80
>6~10	-280	-150	-80	-56	-40	-25	-18	-13	-8	-5	0	±IT/2	-2	-5	—	+1	0	+6	+10	+15	+19	+23	—	+28	—	+34	—	+42	+52	+67	+97
>10~14	-290	-150	-95	—	-50	-32	—	-16	—	-6	0	±IT/2	-3	-6	—	+1	0	+7	+12	+18	+23	+28	—	+33	—	+40	—	+50	+64	+90	+130
>14~18	-290	-150	-95	—	-50	-32	—	-16	—	-6	0	±IT/2	-3	-6	—	+1	0	+7	+12	+18	+23	+28	—	+33	+39	+45	—	+60	+77	+108	+150
>18~24	-300	-160	-110	—	-65	-40	—	-20	—	-7	0	±IT/2	-4	-8	—	+2	0	+8	+15	+22	+28	+35	—	+41	+47	+54	+63	+73	+98	+136	+188
>24~30	-300	-160	-110	—	-65	-40	—	-20	—	-7	0	±IT/2	-4	-8	—	+2	0	+8	+15	+22	+28	+35	+41	+48	+55	+64	+75	+88	+118	+160	+218
>30~40	-310	-170	-120	—	-80	-50	—	-25	—	-9	0	±IT/2	-5	-10	—	+2	0	+9	+17	+26	+34	+43	+48	+60	+68	+80	+94	+112	+148	+200	+274
>40~50	-320	-180	-130	—	-80	-50	—	-25	—	-9	0	±IT/2	-5	-10	—	+2	0	+9	+17	+26	+34	+43	+54	+70	+81	+97	+114	+136	+180	+242	+325
>50~65	-340	-190	-140	—	-100	-60	—	-30	—	-10	0	±IT/2	-7	-12	—	+2	0	+11	+20	+32	+41	+53	+66	+87	+102	+122	+144	+172	+226	+300	+405
>65~80	-360	-200	-150	—	-100	-60	—	-30	—	-10	0	±IT/2	-7	-12	—	+2	0	+11	+20	+32	+43	+59	+75	+102	+120	+146	+174	+210	+274	+360	+480
>80~100	-380	-220	-170	—	-120	-72	—	-36	—	-12	0	±IT/2	-9	-15	—	+3	0	+13	+23	+37	+51	+71	+91	+124	+146	+178	+214	+258	+335	+445	+585
>100~120	-410	-240	-180	—	-120	-72	—	-36	—	-12	0	±IT/2	-9	-15	—	+3	0	+13	+23	+37	+54	+79	+104	+144	+172	+210	+256	+310	+400	+525	+690
>120~140	-460	-260	-200	—	-145	-85	—	-43	—	-15	0	±IT/2	-11	-18	—	+3	0	+15	+27	+43	+63	+92	+122	+170	+202	+248	+300	+365	+470	+620	+800
>140~160	-520	-280	-210	—	-145	-85	—	-43	—	-15	0	±IT/2	-11	-18	—	+3	0	+15	+27	+43	+65	+100	+134	+190	+228	+280	+340	+415	+535	+700	+900
>160~180	-580	-310	-230	—	-145	-85	—	-43	—	-15	0	±IT/2	-11	-18	—	+3	0	+15	+27	+43	+68	+108	+146	+210	+252	+310	+380	+465	+600	+780	+1000
>180~200	-660	-340	-240	—	-170	-100	—	-50	—	-15	0	±IT/2	-13	-21	—	+4	0	+17	+31	+50	+77	+122	+166	+236	+284	+350	+425	+520	+670	+880	+1150
>200~225	-740	-380	-260	—	-170	-100	—	-50	—	-15	0	±IT/2	-13	-21	—	+4	0	+17	+31	+50	+80	+130	+180	+258	+310	+385	+470	+575	+740	+960	+1250
>225~250	-820	-420	-280	—	-170	-100	—	-50	—	-15	0	±IT/2	-13	-21	—	+4	0	+17	+31	+50	+84	+140	+196	+284	+340	+425	+520	+640	+820	+1050	+1350
>250~280	-920	-480	-300	—	-190	-110	—	-56	—	-17	0	±IT/2	-16	-26	—	+4	0	+20	+34	+56	+94	+158	+218	+315	+385	+475	+580	+710	+920	+1200	+1550
>280~315	-1050	-540	-330	—	-190	-110	—	-56	—	-17	0	±IT/2	-16	-26	—	+4	0	+20	+34	+56	+98	+170	+240	+350	+425	+525	+650	+790	+1000	+1300	+1700
>315~355	-1200	-600	-360	—	-210	-125	—	-62	—	-18	0	±IT/2	-18	-28	—	+4	0	+21	+37	+62	+108	+190	+268	+390	+475	+590	+730	+900	+1150	+1500	+1900
>355~400	-1350	-680	-400	—	-210	-125	—	-62	—	-18	0	±IT/2	-18	-28	—	+4	0	+21	+37	+62	+114	+208	+294	+435	+530	+660	+820	+1000	+1300	+1650	+2100
>400~450	-1500	-760	-440	—	-230	-135	—	-68	—	-20	0	±IT/2	-20	-32	—	+5	0	+23	+40	+68	+126	+232	+330	+490	+595	+740	+920	+1100	+1450	+1850	+2400
>450~500	-1650	-840	-480	—	-230	-135	—	-68	—	-20	0	±IT/2	-20	-32	—	+5	0	+23	+40	+68	+132	+252	+360	+540	+660	+820	+1000	+1250	+1600	+2100	+2600

注：上偏差（es）a~js 各列及 k（>7）列均适用于所有公差等级；下偏差（ei）m~zc 各列均适用于所有公差等级。js 列偏差等于 ±IT/2。

8. 基准制

采用基准制是为了统一基准件的极限偏差,从而达到减少零件加工定值刀具和量具的规格数量,国家标准规定了两种配合制度:基孔制和基轴制。

（1）基孔制:基本偏差为一定的孔的公差带,与不同基本偏差的轴的公差带构成各种配合的一种制度称为基孔制。这种制度是将孔的公差带位置固定,通过变动轴的公差带位置,得到各种不同的配合,如图 10-5 所示。

基孔制的孔称为基准孔。国家标准规定基准孔的下偏差为零,"H"为基准孔的基本偏差。

（2）基轴制:基本偏差为一定的轴的公差带与不同基本偏差的孔的公差带构成各种配合的一种制度称为基轴制。这种制度是将轴的公差带位置固定,通过变动孔的公差带位置,得到各种不同的配合,如图 10-5 所示。

基轴制的轴称为基准轴。国家标准规定基准轴的上偏差为零,"h"为基轴制的基本偏差。

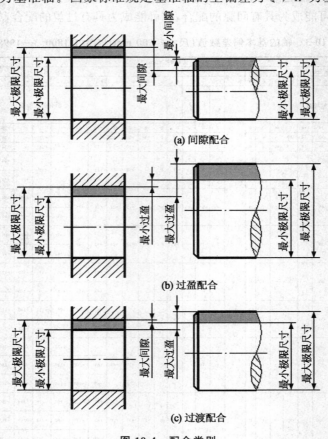

(a) 间隙配合

(b) 过盈配合

(c) 过渡配合

图 10-4　配合类别

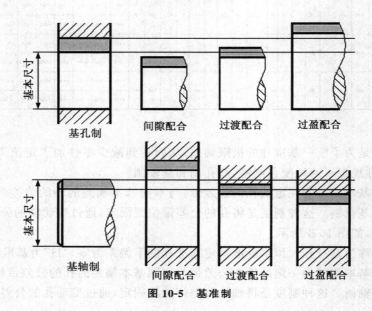

图 10-5　基准制

9.公差与配合的选用

（1）选用优先公差带和优先配合。国家标准根据机械工业产品生产使用的需要,考虑到定值刀具、量具的统一,国家标准规定了基孔制和基轴制的优先和常用的配合。

（2）优先选用基孔制。中等尺寸精度较高的孔的加工和检验,常采用钻头、铰刀、量规等定值刀具和量具,孔的公差带位置固定,可减少刀具、量具的规格,有利于生产和降低成本。故一般情况下应优先选用基孔制。

但在有些情况下,采用基轴制较为经济合理,如:

①采用冷拔光轴,一般 IT8 级左右已满足农业机械、纺织机械中某些轴类零件的精度要求,光轴可不再进行加工,因此采用基轴制减少加工较为经济合理,对于细小直径的轴尤为明显。

②与标准件配合时,基准制的选择要依据标准件而定,如滚动轴承外圈与壳体孔的配合应采用基轴制。

③某些结构上的需要,要求采用基轴制,如图示,柴油机活塞销同时与连杆孔和支承孔相配合,连杆要转动,故采用间隙配合,而与支承孔配合可紧些,采用过渡配合。如采用基孔制,则如图 10-6(a)所示,活塞销需做成中间小、两头大形状,这不仅对加工不利,同时装配也有困难。改用基轴制,如图 10-6(b),活塞销可尺寸不变,而连杆孔、支承孔分别按不同要求加工,较为经济合理且便于安装。

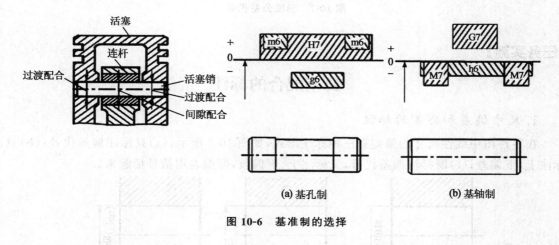

图 10-6　基准制的选择

（3）选用孔比轴低一级的公差等级。在保证使用要求的前提下,为减少加工工作量,应当使选用的公差为最大值。加工孔较困难,一般在配合中孔选用比轴低一级的公差等级,如H8/h7。

二、形状和位置公差

在制造加工零件时,零件的尺寸要满足尺寸公差,其形状和表面间的相对位置则要满足形状和表面间的相对位置公差。

1. 形状和位置公差的基本概念

形状公差是指零件表面的实际形状对其理想性质所允许的变动全量;位置公差是指零件表面的实际位置对其理想位置所允许的变动全量。

2. 形位公差代号

在图样中,形位公差一般采用代号标注,如图 10-7 所示。

形状公差		位置公差	
直线度	—	平行度	//
平面度	▱	垂直度	⊥
圆度	○	倾斜度	∠
圆柱度	⌀	同轴度	◎
线轮廓度	⌒	对称度	=
面轮廓度	◠	位置度	⊕
		圆跳度	／
		全跳动	⌰

图 10-7　形位公差代号

【任务实施】

公差配合的标注

1. 尺寸偏差和公差的标注

在零件图中线性尺寸的偏差有三种标注形式,如图 10-8 所示:(a)只标注偏差代号;(b)只标注上、下偏差;(c)既标注偏差代号,又标注上、下偏差,但偏差用括号括起来。

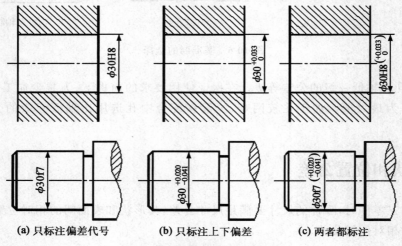

(a) 只标注偏差代号　　**(b) 只标注上下偏差**　　**(c) 两者都标注**

图 10-8　零件图上的公差标注

在装配图上一般只标注配合代号,如图 10-9 所示,配合代号用分数表示,分子为孔的偏差代号,分母为轴的偏差代号。

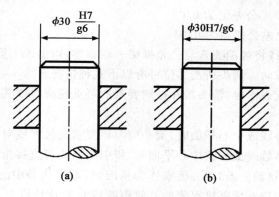

图 10-9 装配图上的公差标注

2. 形位公差的标注

形位公差的代号由公差符号、公差数值、基准符号、框格和有关符号组成。公差框格是用细实线画出的矩形方框,由两格或多格组成,水平或垂直放置。框格高度是图样中尺寸数字高度的两倍;框格中的数字、字母、符号与图样中的数字等高。

(1)基准代号。对方向、位置、跳动公差有要求的零件,应在图上注明基准代号。基准代号由基准符号、连线、圆、字母组成,画法如图 10-10 所示,基准符号为粗实线,连线和圆为细实线,字母与图样中数字等高。

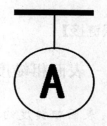

图 10-10 基准代号

(2)形位公差标注:

例:如图 10-11 所示,为形位公差的标注,各形位公差的含义为:

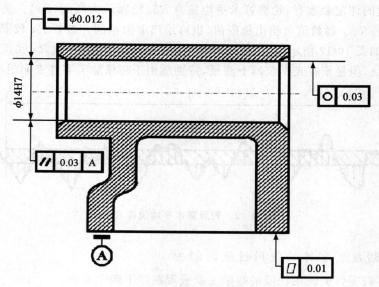

图 10-11 形位公差的标注

①φ14H7 轴线的直线度公差值为 φ0.012；

②φ14H7 轴线对底面 A 的平行度公差值为 0.03；

③φ14H7 内圆柱面圆度公差值为 0.03；

④下底面的平面度允差公差值为 0.01。

（3）用带箭头的指引线将被测要素与公差框格一端相连，指引线上箭头方向是被测要素的公差带宽度方向或直径方向。箭头所指部位可有以下几种情况：

①当被测要素为线或表面时，箭头指在被测要素的可见轮廓线或其延长线上，并应明显与尺寸线错开。

②当被测要素为轴心线或中心平面时，箭头应与该要素的尺寸线对齐。

③当被测要素为整体轴线或公共中心平面时，指引线箭头可直接指在轴线或中心线上。

（4）标注方向、位置、跳动公差，单一要素作为基准时，基准代号中的字母与框格中的基准字母要一致。基准代号布置在要基准要素的外轮廓线或它的延长线上，但应与尺寸线明显错开。当基准要素是轴线或中心平面时基准符号应与该要素的尺寸线对齐。

【知识链接】

一、表面粗糙度

1. 表面粗糙度的概念和评定参数

在零件加工时，在零件的实际加工表面存在着微观的高低不平，这种加工表面上具有的微观几何形状特征称为表面粗糙度。它与零件的加工方法、材料性质、机床振动和其他因素有关，是评价零件表面质量的重要指标之一。表面粗糙度参数值越小，加工精度越高，但加工费用也越高。

表面粗糙度的评定参数有：轮廓算术平均偏差 Ra；轮廓最大高度（Rz）。实际使用时多选用 Ra，也可选用 Rz。参数值可给出极限值，也可给出取值范围。参数 Ra 较能客观地反映表面微观不平度，如图 10-12 所示，所以优先选用 Ra 作为评定参数；参数 Rz 在反映表面微观不平程度上不如 Ra，但易于在光学仪器上测量，特别适用于超精加工零件表面粗糙度的评定。

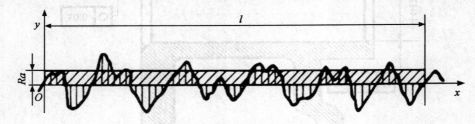

图 10-12　轮廓算术平均偏差 Ra

2. 表面粗糙度对零件的使用性能的影响

表面粗糙度对零件的使用性能的影响主要表现在以下四个方面：

（1）对配合性质的影响。由于零件的表面粗糙不平，装配后，引起实际间隙的增大或减小了实际过盈,从而引起配合性质的改变或降低了配合的连接强度。

(2)对耐磨性的影响。因零件表面粗糙不平,两个零件作相对运动时,会影响它们之间的摩擦性能,并且粗糙的表面会产生较大的摩擦阻力。影响运动的灵活性,使表面磨损速度增快,亦使消耗的能量增加。

(3)对抗疲劳强度的影响。零件表面越粗糙,表面上凹痕产生的应力集中现象越严重。当零件承受交变载荷时,容易引起疲劳断裂。

(4)对抗腐蚀性的影响。粗糙的表面,它的凹谷处容易积聚腐蚀性物质,造成表面锈蚀。

二、表面粗糙度的标注

GB/T 131—1993 规定,表面粗糙度代号是由规定的符号和有关参数组成,表面粗糙度符号的画法和意义如表 10-4 所示。

表 10-4　表面粗糙度的符号和画法

序号	符号	意义
基本图形符号		基本符号,表示表面可用任何方法获得 当不加注粗糙度参数值或有关说明时,仅适用于简化代号标注
扩展图形符号		表示表面是用去除材料的方法获得,如车、铣、钻、磨
		表示表面是用不去除材料的方法获得,如铸、锻、冲压、冷轧等
完整图形符号		在上述三个符号的长边上可加一条横线,用于标注有关参数或说明
完整图形扩展符号		在上述三个符号的长边上可加一小圆,表示所有表面具有相同的表面粗糙度要求
画法		当参数值的数字或大写字母的高度为 2.5 mm 时,粗糙度符号的高度取 8 mm,三角形高度取 3.5 mm,三角形是等边三角形。当参数值不是 2.5 时,粗糙度符号和三角形符号的高度也将发生变化

1.常用表面粗糙度 Ra 的数值与加工方法

零件的表面粗糙度不仅与使用性能有关,而且与加工工艺和加工成本有关。表面粗糙度参数值越小,零件的表面越光滑、平整,但加工成本越高。确定表面粗糙度的一般原则是既要考虑表面质量要求,又要兼顾加工经济合理性,即在满足零件使用要求的前提下,尽可能选取较大的参数值。表 10-5 为常用的表面粗糙度与加工方法的举例。

表 10-5 常用表面粗糙度 *Ra* 的数值与加工方法

表面特征	表面粗糙度(*Ra*)数值			加工方法举例
明显可见刀痕	100▽	50▽	25▽	粗车、粗刨、粗铣、钻孔
微见刀痕	12.5▽	6.3▽	3.2▽	精车、精刨、精铣、粗铰、粗磨
看不见加工痕迹,微辨加工方向	1.6▽	0.8▽	0.4▽	精车、精磨、精铰、研磨
暗光泽面	0.2▽	0.1▽	0.05▽	研磨、珩磨、超精磨

2. 表面粗糙度代号的标注

(1)在同一图样上,同一表面一般只标注一次表面粗糙度代号,并尽可能标注在反映该表面位置特征的视图上。

(2)表面粗糙度代号应注在可见轮廓线、尺寸界限、引出线或它们的延长线上,符号的尖端必须从材料外指向表面。

(3)当零件的大部分表面具有相同的表面粗糙度时,可将最多的一种粗糙度代号统一标注在右上角,并加注"其余"两字,如图 10-13(a)。当零件所有表面具有相同表面粗糙度时,可以在图形右上角统一标注,如图 10-13(b)。

(4)在不同方向的表面上标注时,代号中的数字及符号的方向必须如图 10-13(c)的规定标注。

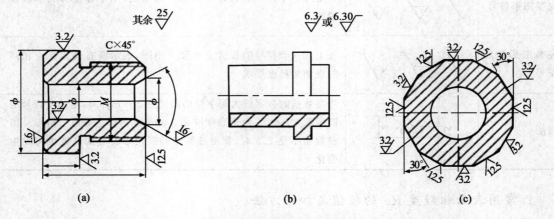

图 10-13 表面粗糙度的标注

(5)其他情况表面粗糙度的标注方法,如图 10-14 所示。

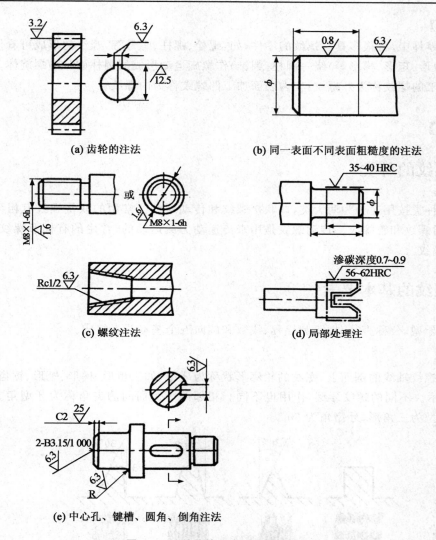

(a) 齿轮的注法　　　　　　(b) 同一表面不同表面粗糙度的注法

(c) 螺纹注法　　　　　　(d) 局部处理注

(e) 中心孔、键槽、圆角、倒角注法

图 10-14　其他情况表面粗糙度的标注

任务二　螺纹连接的画法

知识目标
1. 掌握螺纹的基本要素。
2. 掌握螺纹的画法和标记方法。
技能目标
1. 掌握螺纹紧固件的画法和标记方法。
2. 掌握螺纹连接的画法。

【任务导入】

在机器零件中,有很多具有螺纹的零件,如:螺栓、螺柱、螺母等,螺纹的形成可看作由一平面图形(三角形、矩形、梯形等)绕一圆柱(圆锥)作螺旋运动形成的圆柱(圆锥)螺旋体。我们把在外表面加工的螺纹称为外螺纹;在内表面加工的螺纹称为内螺纹。

【任务准备】

一、螺纹的种类

螺纹的种类按用途分为两大类,即联接螺纹和传动螺纹。常用的联接螺纹有粗牙普通螺纹、细牙普通螺纹和管螺纹。传动螺纹是用来传递动力或运动的,常用的有梯形螺纹、锯齿形螺纹、矩形螺纹。

二、螺纹的基本要素

螺纹由牙型、公称直径、螺距和导程、线数和旋向五个基本要素组成。

1.牙型

在通过螺纹轴线的剖面上,螺纹的轮廓形状称为牙型,如三角形、梯形、矩形、锯齿形等,如图 10-15 所示。不同的螺纹牙型,作用也不同。相邻两牙侧面间的夹角称为牙型角。常用普通螺纹的牙型为三角形,牙型角为 $60°$。

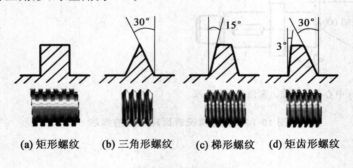

(a) 矩形螺纹　　(b) 三角形螺纹　　(c) 梯形螺纹　　(d) 矩齿形螺纹

图 10-15　螺纹牙型

2.公称直径

大径、小径和中径:大径是指和外螺纹的牙顶、内螺纹的牙底相重合的假想柱面或锥面的直径,外螺纹的大径用 d 表示,内螺纹的大径用 D 表示。小径是指和外螺纹的牙底、内螺纹的牙顶相重合的假想柱面或锥面的直径,外螺纹的小径用 d_1 表示,内螺纹的小径用 D_1 表示。在大径和小径之间,设想有一柱面(或锥面),在其轴剖面内,素线上的牙宽和槽宽相等,则该假想柱面的直径称为中径,用 d_2(或 D_2)表示(图 10-16)。

公称直径指的是螺纹的大径。

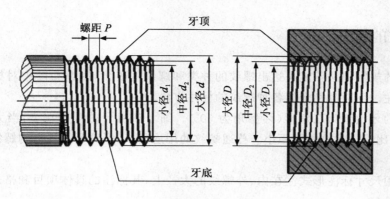

图 10-16　螺纹参数

3. 螺距和导程

螺纹相邻两牙在中径线上对应两点轴向的距离称为螺距(P)。同一条螺旋线上,相邻两牙在中径线上对应两点轴向的距离称为导程(P_h)。线数 n、螺距 P、导程 P_h 之间的关系为:$P_h = n \cdot P$,如图 10-17 所示。

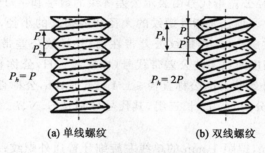

图 10-17　螺纹的螺距和导程

4. 线数

形成螺纹的螺旋线的条数称为线数。有单线和多线螺纹之分,多线螺纹在垂直于轴线的剖面内是均匀分布的。

5. 旋向

螺纹的旋向分左旋(LH)螺纹和右旋(RH)螺纹两种。沿轴线方向看,顺时针方向旋转时旋入的螺纹称为右旋螺纹,逆时针旋转时旋入的螺纹称为左旋螺纹。

注意:只有以上这五个要素相同的内、外螺纹才能互相旋合。

用螺纹紧固件连接,是工程上应用最广泛的一种可拆连接方式。螺纹紧固件一般属于标准件,它的结构形式很多,可根据需要在有关的标准中查出其尺寸,一般无需画出它们的零件图,只需按照规定进行标记。

三、螺纹的标记

由于螺纹的规定画法不能表达出螺纹的种类和螺纹的要素,因此在图中对标准螺纹需要进行正确的标注。下面分别介绍各种螺纹的标注方法。

联接螺纹的牙型皆为三角形(牙型角为60°)。细牙和粗牙的区别在于:当大径相同的条件下,细牙螺纹比粗牙螺纹的螺距小。普通螺纹的用途很广,螺纹紧固件上的螺纹一般均为普通螺纹。

普通螺纹用尺寸标注形式注在内、外螺纹的大径上,其标注的具体项目和格式如下:

$$\boxed{\text{螺纹特征代号}}\ \boxed{\text{公称直径}}\times\boxed{\text{螺距}}\ \boxed{\text{旋向}}-\boxed{\text{中径公差带代号}}\ \boxed{\text{顶径公差带代号}}-\boxed{\text{旋合长度代号}}$$

普通螺纹的螺纹特征代号用字母"M"表示。

普通粗牙螺纹不必标注螺距,普通细牙螺纹必须标注螺距。公称直径、导程和螺距数值的单位为 mm。

右旋螺纹不必标注,左旋螺纹应标注字母"LH"。

中径公差带代号和顶径公差带代号由表示公差等级的数字和字母组成。大写字母代表内螺纹,小写字母代表外螺纹。顶径是指外螺纹的大径和内螺纹的小径,若两组公差带相同,则只写一组。表示内、外螺纹旋合时,内螺纹公差带在前,外螺纹公差带在后,中间用"/"分开。在特定情况下,中等公差精度螺纹不注公差带代号(内螺纹:5H,公称直径≤1.4 mm 时;6H,公称直径≥1.6 mm 时。外螺纹:5h,公称直径≤1.4 mm 时;6h,公称直径≥1.6 mm 时)。

普通螺纹的旋合长度分为短、中、长三组,其代号分别是 S、N、L。若是中等旋合长度,其旋合代号 N 可省略。

如:公称直径为 10 mm,螺距 1 mm 的单线左旋细牙普通外螺纹;公差带代号为 5g6g,短旋合长度。标记为:

M10×1 LH-5g6g-S

公称直径为 8 mm,单线右旋粗牙普通内螺纹;公差带代号为 6H,长旋合长度。标记为:
M8-6H-L。

四、螺纹的规定画法

外螺纹的规定画法:如图 10-18 所示,外螺纹的牙顶用粗实线表示,牙底用细实线表示。在不反映圆的视图上,倒角应画出,牙底的细实线应画入倒角,螺纹终止线用粗实线表示,螺尾部分不必画出,当需要表示时,该部分用与轴线成15°的细实线画出,在比例画法中,螺纹的小径可按 $0.85d$(d 为大径)绘制。在反映圆的视图上,小径用 3/4 圆的细实线圆弧表示,倒角圆不画。常见错误画法见图 10-19。

内螺纹规定画法:在采用剖视图时,内螺纹的牙顶用细实线表示,牙底用粗实线表示。在反映圆的视图上,大径用 3/4 圆的细实线圆弧表示,倒角圆不画。若为盲孔,采用比例画法时,终止线到孔的末端的距离可按 0.5 倍的大径绘制,钻孔时在末端形成的锥面的锥角按120°绘

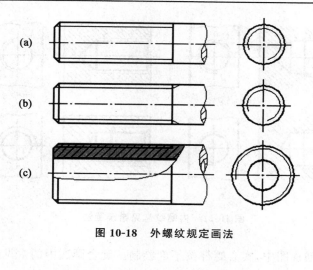

图 10-18　外螺纹规定画法

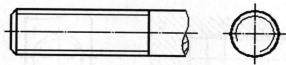

图 10-19　外螺纹常见错误画法

制(图 10-20)。需要注意的是,剖面线应画到粗实线。其余要求同外螺纹。常见的错误画法见图 10-21。

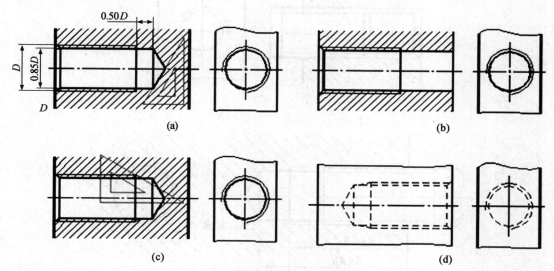

图 10-20　内螺纹规定画法

内、外螺纹的旋合画法:如图 10-22 所示,在剖视图中,内、外螺纹的旋合部分应按外螺纹的规定画法绘制,其余不重合的部分按各自原有的规定画法绘制。必须注意的是,表示内、外螺纹大径的细实线和粗实线,以及表示内、外螺纹小径的粗实线和细实线应分别对齐。在剖切

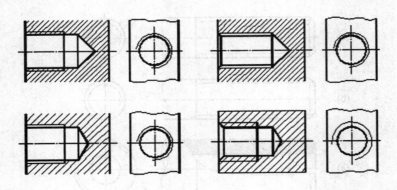

图 10-21　内螺纹常见错误画法

平面通过螺纹轴线的剖视图中,实心螺杆按不剖绘制。旋合画法中的常见错误见图 10-23。

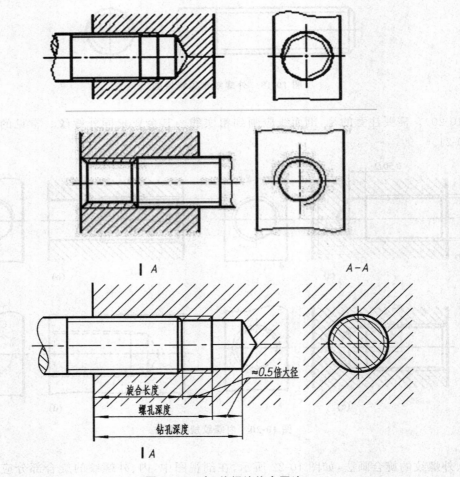

图 10-22　内、外螺纹旋合画法

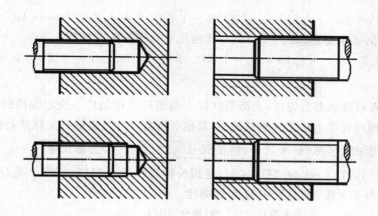

图 10-23　旋合画法中的常见错误

五、螺纹的标注

如图 10-24 所示为普通螺纹标注示例。

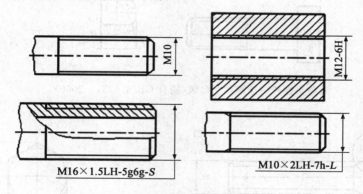

图 10-24　普通螺纹标注示例

【任务实施】

一、螺纹紧固件的标记和画法

常用螺纹紧固件有螺栓、双头螺柱、螺钉、螺母和垫圈。它们的结构、尺寸都已分别标准化，称为标准件，使用或绘图时，可以从相应标准中查到所需的结构尺寸。

螺栓连接的紧固件有螺栓、螺母和垫圈。紧固件一般用比例画法绘制。所谓比例画法就是以螺栓上螺纹的公称直径为主要参数，其余各部分结构尺寸均按与公称直径成一定比例关系绘制，如图 10-25 所示。

尺寸比例关系如下：

螺栓：d、L（根据要求确定）。

$d_1 \approx 0.85d$　$b \approx 2d$　$e=2d$　$R_1=d$　$R=1.5d$　$k=0.7d$　$c=0.1d$

螺母：D（根据要求确定）$m=0.8d$　　其他尺寸与螺栓头部相同。

垫圈：$d_2=2.2d$　$d_1=1.1d$　$d_3=1.5d$　$h=0.15d$　$s=0.2d$　$n=0.12d$

1. 螺栓

螺栓由头部及杆部两部分组成，头部形状以六角形的应用最广。决定螺栓的规格尺寸为螺纹公称直径 d 及螺栓长度 l，选定一种螺栓后，其他各部分尺寸可根据有关标准查得，如表10-6。

螺栓的标记形式：| 名称 | 标准代号 | 特征代号 | 公称直径 | × | 公称长度 |

例：螺栓 GB/T 5782—2000 M12×80，是指公称直径 d＝M12，公称长度 $L=80$（不包括头部），性能等级为8.8级，表面氧化的 A 级螺栓。

六角头螺栓——C级（摘自 GB/T 5780—2000）

六角头螺栓—全螺纹—C级（摘自 GB/T 5781—2000）

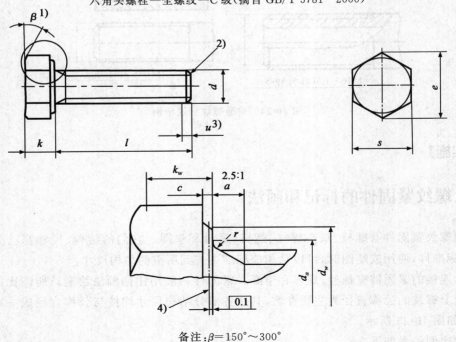

备注：$\beta=150°\sim300°$

图 10-25　六角头螺栓的比例画法

表 10-6　优选的非全螺纹规格　　　　　　　　　　mm

螺纹规格 d	1 范围	b 参考			s_{max}	k	d_{Wmin}	c	e_{min}
		$l \leqslant 125$	$125 < l \leqslant 200$	$l > 200$					
M4	25～40	14	—	—	7	2.8	5.9	0.2	7.5
M5	25～50	16	—	—	8	3.5	6.9	0.2	8.6
M6	30～60	18	—	—	10	4	8.9	0.2	10.9
M8	35～80	22	28	—	13	5.3	11.5	0.4	14.2
M10	40～100	26	32	—	16	6.4	14.5	0.4	17.6
M12	45～120	30	36	—	18	7.5	16.5	0.4	19.9
M16	55～160	38	44	57	24	10	22	0.5	26.2
M20	65～200	46	52	65	30	12.5	28	0.5	33
M24	80～240	54	60	73	36	15	33.6	0.5	39.6
M30	90～300	66	72	85	46	18.7	42.7	0.8	50.9
M36	110～360	78	84	97	55	22.5	51.1	0.8	60.8
M42	130～400	—	96	109	65	26	60.6	1	72
M48	140～480	—	108	121	75	30	69.4	1	82.6

备注：螺纹末端应倒角，当 $d \leqslant$ M4 时，可为辗制末端。

螺纹规格 d 为 M1.6～M64。

2.双头螺柱

双头螺柱的两头制有螺纹，一端旋入被连接件的预制螺孔中，称为旋入端；另一端与螺母旋合，紧固另一个被连接件，称为紧固端。双头螺柱的规格尺寸为螺柱直径 d 及紧固端长度 l，其他各部分尺寸可根据有关标准查得（图 10-26）。

双头螺柱的标记形式：名称 标准代号 特征代号 公称直径 × 公称长度

例：螺柱 GB/T 898—1988 M10×50，是指公称直径 $d = 10$，公称长度 $L = 50$（不包括旋入端）的双头螺柱。螺纹规格参数见表 10-7。

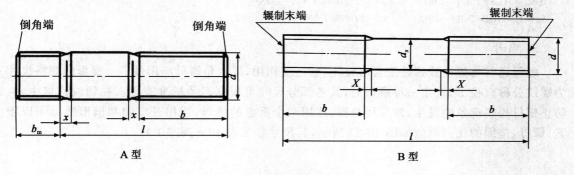

图 10-26　双头螺柱

表 10-7　各种螺纹的规格参数

螺纹规格 d	b_m				l/b
	GB/T897	GB/T898	GB/T899	GB/T900	
M5	5	6	8	10	16～22/10 25～50/16
M6	6	8	10	12	20～22/10 25～30/14 32～75/18
M8	8	10	12	16	20～22/12 25～30/16 32～90/22
M10	10	12	15	20	25～28/14 30～38/16 40～120/26 130/32
M12	12	15	18	24	25～30/16 32～40/20 45～120/30 130～180/36
M16	16	20	24	32	30～38/20 40～55/30 60～120/38 130～200/44
M20	20	25	30	40	35～40/25 45～65/35 70～120/46 130～200/52
(M24)	24	30	36	48	45～50/30 55～75/45 80～120/54 130～200/60
(M30)	30	38	45	60	60～65/40 70～90/50 95～120/66 130～200/72 210～250/85
M36	36	45	54	72	65～75/45 80～110/60 120/78 130～200/84 210～300/97
M42	42	52	63	84	70～80/50 85～110/70 120/90 130～200/96 210～300/109
M48	48	60	72	96	80～90/60 95～110/80 120/102 130～200/108 210～300/121
l 系列	16,(18),20,(22),25,(28),30,(32),35,(38),40,45,50,55,60,(65),70,(75),80,(85),90,(95),100～260(10 进位),280,300				

备注:①$x=1.5P$
②尽可能不用括号内的规格
③$b_m=d$(GB/T 897—1988)　　　$b_m=1.25d$(GB/T 898—1988)
$b_m=1.5d$(GB/T 899—1988)　　　$b_m=2d$(GB/T 900—1988)

3. 螺母

　　螺母通常与螺栓或螺柱配合着使用,起连接作用,以六角螺母应用最广。螺母的规格尺寸为螺纹公称直径 D,选定一种螺母后,其各部分尺寸可根据有关标准查得。在螺纹连接中,为防止螺母松脱现象的发生,常采用垫圈,或用两个重叠的螺母,或用开口销和槽形螺母予以锁紧,螺母、垫圈的比例画法如图 10-27 所示,其尺寸参见表 10-8、表 10-9。

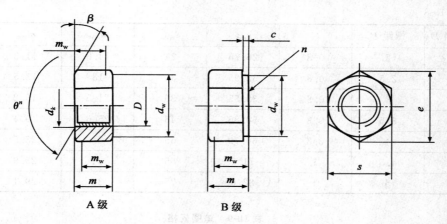

备注：$\beta = 15°$　　$\theta = 90° \sim 120°$

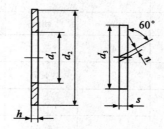

图 10-27　六角螺母、垫圈的比例画法

标记示例：

螺母　GB/T41 M12

螺纹规格 D＝M12、性能等级为 5 级、不经表面处理、C 级的 I 型六角螺母。

垫圈　GB/T 95 8

标准系列、公称尺寸为 8、性能等级为 100HV 级、不经表面处理的平垫圈。

表 10-8　I 型六角螺母优选的螺纹规格表　　　　　　　　　　　　　　　　mm

螺纹规格 D	螺距 P	c	e_{min}	s_{max}	m_{max}	m_{min}	d_{wmin}
M3	0.5	0.4	6.01	5.5	2.4	1.7	4.6
M4	0.7	0.4	7.66	7	3.2	2.3	5.9
M5	0.8	0.5	8.79	8	4.7	3.5	6.9
M6	1	0.5	11.05	10	5.2	3.9	8.9
M8	1.25	0.6	14.38	13	6.8	5.2	11.6
M10	1.5	0.6	17.77	16	8.4	6.4	14.6
M12	1.75	0.6	20.03	18	10.8	8.3	16.6

续表 10-8

螺纹规格 D	螺距 P	C	e_{min}	s_{max}	m_{max}	m_{min}	d_{wmin}
M16	2	0.8	26.75	24	14.8	11.3	22.5
M20	2.5	0.8	32.95	30	18	13.5	27.7
M24	3	0.8	39.55	36	21.5	16.2	33.3
M30	3.5	0.8	50.85	46	25.6	19.4	42.8
M36	4	0.8	60.79	55	31	23.5	51.1
M42	4.5	1	71.3	65	34	25.9	60.5
M48	5	1	82.6	75	38	29.1	69.5

表 10-9 垫圈规格

GB T 97.1—1985 A 级平垫圈   mm

公称直径	d_1		d_2		h		
	max	min	max	min	公称	max	min
1.6	1.84	1.7	4	3.7	0.3	0.35	0.25
2	2.34	2.2	5	4.7	0.3	0.35	0.25
2.5	2.84	2.7	6	5.7	0.5	0.55	0.45
3	3.38	3.2	7	6.64	0.5	0.55	0.45
4	4.48	4.3	9	8.64	0.8	0.9	0.7
5	5.48	5.3	10	9.64	1	1.1	0.9
6	6.62	6.4	12	11.57	1.6	1.8	1.4
8	8.62	8.4	16	15.57	1.6	1.8	1.4
10	10.77	10.5	20	19.48	2	2.2	1.8
12	13.27	13	24	23.48	2.5	2.7	2.3
14	15.27	15	28	27.48	2.5	2.7	2.3
16	17.27	17	30	29.48	3	3.3	2.7
20	21.33	21	37	36.38	3	3.3	2.7
24	25.33	25	44	43.38	4	4.3	3.7
30	31.39	31	56	55.26	4	4.3	3.7
36	37.62	37	66	64.8	5	5.6	4.4

GB T 95—1985 C 级平垫圈　　　　　　　　　　　　　　　　　　　　　　　　　　　　mm

公称直径	d_1		d_2		h		
	max	min	max	min	公称	max	min
5	5.8	5.5	10	9.1	1	1.2	0.8
6	6.96	6.6	12	10.9	1.6	1.9	1.3
8	9.36	9	16	14.9	1.6	1.9	1.3
10	11.43	11	20	18.7	2	2.3	1.7
12	13.93	13.5	24	22.7	2.5	2.8	2.2
14	15.93	15.5	28	26.7	2.5	2.8	2.2
16	17.93	17.5	30	28.7	3	3.6	2.4
20	22.52	22	37	35.4	3	3.6	2.4
24	26.52	26	44	42.4	4	4.6	3.4
30	33.62	33	56	54.1	4	4.6	3.4
36	40	39	66	64.1	5	6	4

4. 螺钉

螺钉是由头部和螺杆两部分构成的一类常用紧固件,主要是用来连接固定零件。它的种类很多,常用的有开槽普通螺钉、内六角螺钉、十字槽螺钉、紧定螺钉和自攻螺钉,其部分尺寸参见表 10-10、表 10-11。

标记示例:

螺钉　GB/T67 M5×60

螺纹规格 $D=M5$、$l=60$、性能等级为 4.8 级、不经表面处理的开槽盘头螺钉。

表 10-10　内六角圆柱头螺钉

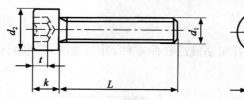

执行标准:GB70.1、ISO4762、DIN912

材质:碳钢、合金钢、不锈钢　　　　　　　　　　　　　　　　　　　　　　　　　　mm

规格 d_1	头部直径 d_2 max		头部厚度 k_{max}	内六角对边 S	内六角深度 t_{min}	螺纹参考长度 l
	不滚花	滚花				
M1.6	3	3.14	1.6	1.5	0.7	15
M2	3.8	3.98	2	1.5	1	16
M2.5	4.5	4.68	2.5	2	1.1	17
M3	5.5	5.68	3	2.5	1.3	18
M4	7	7.22	4	3	2	20
M5	8.5	8.72	5	4	2.5	22
M6	10	10.22	6	5	3	24
M8	13	13.27	8	6	4	28

表 10-11　开槽沉头螺钉(GB/T 68—2000)

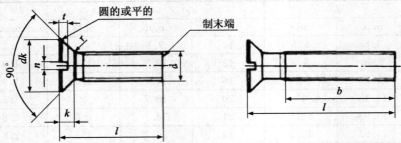

螺纹规格 d	dk_{max}	n	t_{min}	k_{max}	b	全螺纹时最大长度
M2	3.8	0.5	0.4	1.2	25	30
M3	5.5	0.8	0.6	1.65	25	30
M4	8.4	1.2	1	2.7	38	45
M5	9.3	1.2	1.1	2.7	38	45
M6	12	1.6	1.2	3.3	38	45
M8	16	2	1.8	4.65	38	45
M10	20	2.5	2	5	38	45
L 系列	2,2.5,3,4,5,6,8,10,12,(14),16,20,25,30,35,40,45,50,(55),60,(65),70,(75),80					

二、螺纹紧固件连接图画法

1. 螺栓连接

螺栓用来连接两个不太厚并能钻成通孔的零件,并与垫圈、螺母配合进行连接。螺栓连接的比例画法如图 10-28 所示。

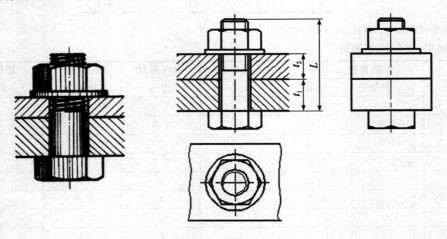

图 10-28　螺栓连接

用比例画法画螺栓连接的装配图时,应注意以下几点:

(1)两零件的接触表面只画一条线,并不得加粗。凡不接触的表面,不论间隙大小,都应画出间隙(如螺栓和孔之间应画出间隙)。

(2)剖切平面通过螺栓轴线时,螺栓、螺母、垫圈可按不剖绘制,仍画外形。必要时,可采用局部剖视。

(3)两零件相邻接时,不同零件的剖面线方向应相反,或者方向一致而间隔不等。

(4)螺栓长度 $L \geqslant t_1 + t_2 +$ 垫圈厚度+螺母厚度+$(0.2 \sim 0.3)d$,根据上式的估计值,然后选取与估算值相近的标准长度值作为 L 值。

(5)被连接件上加工的螺栓孔直径稍大于螺栓直径,取 $1.1d$。

2.螺柱连接

当两个被连接件中有一个很厚,或者不适合用螺栓连接时,常用双头螺柱连接。双头螺柱两端均加工有螺纹,一端与被连接件旋合,另一端与螺母旋合,双头螺柱连接的比例画法见图10-29 所示。

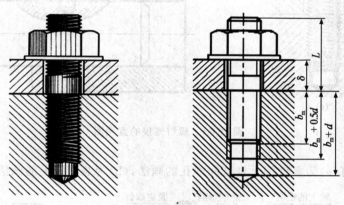

图 10-29　双头螺柱连接图

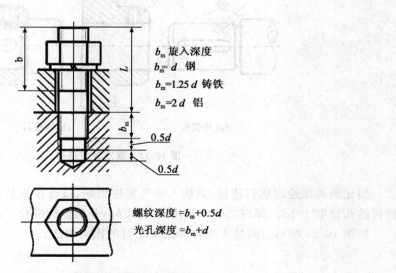

b_m 旋入深度

$b_m = d$ 钢

$b_m = 1.25d$ 铸铁

$b_m = 2d$ 铝

螺纹深度 $= b_m + 0.5d$

光孔深度 $= b_m + d$

图 10-30　双头螺柱连接的简化画法图

用比例画法绘制双头螺柱的装配图时应注意以下几点：

(1)旋入端的螺纹终止线应与结合面平齐,表示旋入端已经拧紧。

(2)旋入端的长度 b_m 要根据被旋入件的材料而定,被旋入端的材料为钢时, $b_m = 1d$;被旋入端的材料为铸铁或铜时, $b_m = 1.25～1.5d$;被连接件为铝合金等轻金属时,取 $b_m = 2d$ 。

(3)旋入端的螺孔深度取 $b_m + 0.5d$,钻孔深度取 $b_m + d$,如图 10-29 所示。

(4)螺柱的公称长度 $L \geqslant \delta +$ 垫圈厚度 $+$ 螺母厚度 $+ (0.2～0.3)d$,然后选取与估算值相近的标准长度值作为 L 值。

3. 螺钉连接

螺钉连接一般用于受力不大又不需要经常拆卸的场合,如图 10-31(a)。紧定螺钉常用于定位、紧固而且受力较小的情况,如图 10-31(b)。

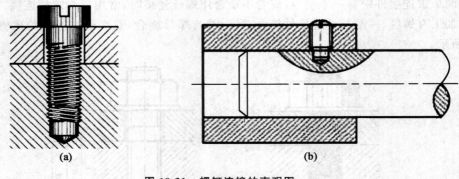

图 10-31 螺钉连接的直观图

图 10-32 螺钉(a)为零件图上锥坑和螺孔的画法,(b)为装配图上的画法。

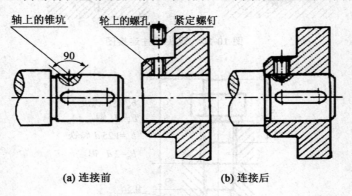

(a) 连接前　　　　**(b) 连接后**

图 10-32 紧定螺钉连接

用比例画法绘制螺钉连接,其旋入端与螺柱相同,被连接板的孔部画法与螺栓相同,被连接板的孔径取 $1.1d$ 。螺钉的有效长度 $L = \delta + b_m$,并根据标准校正。

如图 10-33 所示为圆柱头螺钉和沉头螺钉的比例画法。

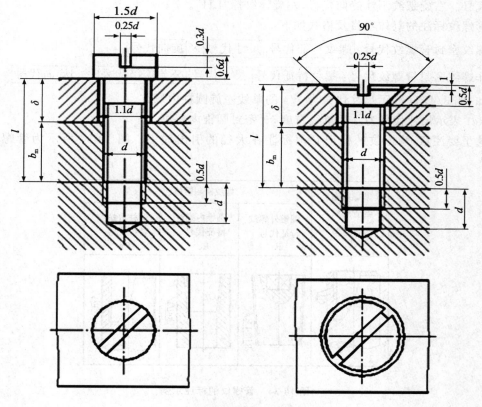

图 10-33 螺钉联接的比例画法

画图时注意以下两点：

（1）螺钉的螺纹终止线不能与结合面平齐，而应画在盖板的范围内。

（2）具有沟槽的螺钉头部，在主视图中应被放正，在俯视图中规定画成 45°倾斜。

【知识链接】

一、管螺纹

管螺纹的牙型为三角形（牙型角为 55°），螺纹名称以英寸为单位，并以 25.4 mm 螺纹长度中的螺纹牙数表示螺纹的螺距，其螺距与牙型均较小。常用的管螺纹分为螺纹密封管螺纹和非螺纹密封管螺纹。密封管螺纹一般用于密封性要求高一些的水管、油管、煤气管等和高压的管路系统中。非密封管螺纹一般用于低压管路联接的旋塞等管件中。

螺纹密封管螺纹又分为：圆锥外螺纹，其特征代号是 R；圆锥内螺纹，特征代号是 Rc；圆柱内螺纹，特征代号是 Rp；非螺纹密封管螺纹的特征代号是 G。

管螺纹的尺寸代号并不是指螺纹大径，也不是管螺纹本身任何一个直径，其大径和小径等参数可从有关标准中查出。

非螺纹密封管螺纹它的公差等级代号分 A、B 两个精度等级。外螺纹需注明，内螺纹不注此项代号。右旋螺纹不注旋向代号,左旋螺纹标"LH"。

管螺纹标注的具体项目及格式如下:

螺纹密封管螺纹代号:　螺纹特征代号　尺寸代号　×　旋向代号

非螺纹密封管螺纹代号:　螺纹特征代号　尺寸代号　公差等级代号　—　旋向代号

如:Rp3/4LH 表示尺寸代号为 3/4 的单线左旋圆柱内螺纹。

Rc1 表示尺寸代号为 1 的单线右旋 55°密封圆锥内螺纹。

这里要注意,管螺纹的标记必须标注在大径的引出线上。图 10-34 所示为管螺纹标注示例。

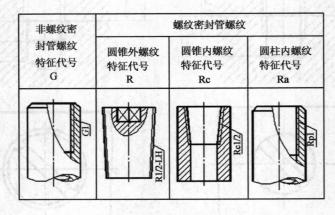

非螺纹密封管螺纹特征代号 G	螺纹密封管螺纹		
	圆锥外螺纹特征代号 R	圆锥内螺纹特征代号 Rc	圆柱内螺纹特征代号 Ra

图 10-34　管螺纹的标注示例

二、传动螺纹

传动螺纹主要指梯形螺纹和锯齿形螺纹,它们也用尺寸标注形式,注在内外螺纹的大径上,其标注的具体项目及格式如下:

螺纹代号　公称直径　×　导程(P 螺距)　旋向　—　中径公差带代号　—　旋合长度代号

梯形螺纹的螺纹代号用字母"Tr"表示,锯齿形螺纹的特征代号用字母"B"表示。

多线螺纹标注导程与螺距,单线螺纹只标注螺距。

右旋螺纹不标注代号,左旋螺纹标注字母"LH"。

传动螺纹只注中径公差带代号。

旋合长度只注"S"(短)、"L"(长),中等旋合长度代号"N"省略标注。

如:公称直径 $\phi 40$ mm,导程 14 mm,螺距 7 mm,中等旋合长度,中径公差带代号为 7e 的左旋梯形外螺纹应标记为:

Tr40×14(P7)LH

公称直径 $\phi 32$,螺距 7 mm,中等旋合长度,中径公差带代号为 7e 的右旋锯齿形外螺纹,应标记为:

B32×7-7e

如图 10-35 所示为传动螺纹标注示例：

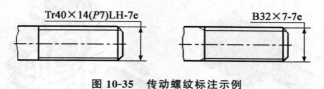

图 10-35　传动螺纹标注示例

任务三　轴的零件图的绘制

【教学目标】

知识目标

1. 了解键、销连接的规定画法及标注。

2. 掌握国家标准规定的断面图及其他简化画法和尺寸标注。

技能目标

1. 能根据轴类零件的结构特点确定正确的表达方案。

2. 能对轴类零件进行正确的尺寸标注和技术要求的说明。

【任务导入】

为使轴上的传动件(如齿轮、带轮等)与轴一起转动,通常在轴上加工有键槽或销孔。键和销作为一种连接件,连接轴和轴上的零件,将键嵌入以传递扭矩。销可传递不大的载荷,并具有定位的作用。

【任务准备】

键和销属于常用件,为了便于设计、制造和使用,国家标准对这些零件的结构、尺寸、技术要求等作了统一规定,我们把这类零件称为标准件。常见的标准件还有螺栓、螺母、轴承、齿轮、弹簧等。

一、键连接

键连接是一种可拆连接。有些类型的键连接还可以实现周向固定和轴向固定以传递转矩和轴向力。

键连接可分为平键连接,如图 10-36 所示、半圆键连接、钩头楔键连接和花键连接。

1. 平键连接

平键按用途分有三种:普通平键、导向平键和滑键。平键的两侧面为工作面,平键连接是靠键和键槽侧面挤压传递转矩,键的上表面和轮毂槽底之间留有间隙。平键连接具有结构简单、装拆方便、对中性好等优点,因而应用广泛。

普通平键用于轮毂与轴间无相对滑动的静连接。按键的端部形状不同分为 A 型(圆头)、

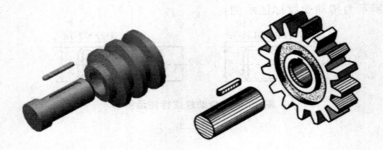

图 10-36 键连接

B 型（方头）、C 型（单圆头）三种。A 型普通平键槽的形状与键相同，键在槽中固定良好，工作时不松动，但轴上键槽端部应力集中较大。B 型普通平键轴的应力集中较小，但键在轴槽中易松动，故对尺寸较大的键，宜用紧定螺钉将键压在轴槽底部。C 型普通平键常用于轴端的连接。

普通平键的标记：

普通平键的基本尺寸有键宽 b、高 h 和长度 L。

例 1：$b=8$ mm，$h=7$ mm，$L=25$ mm，A 型平键，则标记为：

键 8×7×25 GB/T 1096—1979

例 2：$b=18$ mm，$h=11$ mm，$L=100$ mm，C 型平键，则标记为：

键 C 18×11×100 GB/T 1096—1979

注：普通平键标记中 A 型键的"A"可省略不注，而 B 型和 C 型要标注"B"和"C"。

轴上键槽的深度 t 和轮毂上键槽的深度 t_1 可从标准中查出，见表 10-12。轴、轮毂键槽的表示方法和尺寸标注如图 10-37 所示。

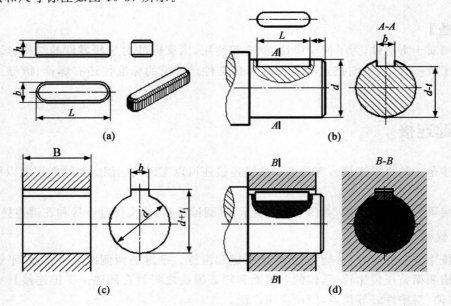

图 10-37 普通平键连接

表 10-12　轮毂的偏差数值表

轴径 d	键的公称尺寸			键槽										
				宽度 b					深度				半径 r	
				b	偏差				轴		毂			
	b	h	L		较松键连接		一般键连接		较紧键连接	t	偏差	t_1	偏差	最小	最大
					轴 H9	毂 D10	轴 N9	毂 js9	轴和毂 P9					
6~8	2	2	6~20	2	+0.025 / 0	+0.060 / 0.020	−0.004 / −0.029	± 0.0125	−0.006 / −0.031	1.2		1		0.03	0.16
>8~10	3	3	6~36	3						1.8	+0.1 / 0	1.4	+0.1 / 0		
>10~12	4	4	8~45	4	+0.030 / 0	+0.078 / 0.030	0 / −0.030	± 0.015	−0.012 / −0.042	2.5		1.8			
>12~17	5	5	10~56	5						3.0		2.3			
>17~22	6	6	14~70	6						3.5		2.8		0.16	0.25
>22~30	8	7	18~90	8	+0.036 / 0	+0.098 / 0.040	0 / −0.036	± 0.018	−0.015 / −0.051	4.0		3.3			
>30~38	10	8	22~110	10						5.0	+0.2 / 0	3.3	+0.2 / 0		
>38~44	12	8	28~140	12	+0.043 / 0	+0.120 / 0.050	0 / −0.043	± 0.0215	−0.018 / −0.061	5.0		3.3		0.25	0.40
>44~50	14	9	36~160	14						5.5		3.8			
>50~58	16	10	45~180	16						6.0		4.3			
L（系列）	6、8、10、12、14、16、18、20、22、25、28、32、36、40、45、50、56、63、70、80、90、100、110、125、140、160、180														

注：($d-t$) 和 ($d+t_1$) 的偏差按相应的 t 和 t_1 的偏差选取，但 ($d-t$) 的偏差值应取负号。

导向平键和滑键均用于轮毂与轴间需要有相对滑动的动连接。导向平键用螺钉固定在轴上的键槽中，轮毂沿键的侧面作轴向滑动。滑键则是将键固定在轮毂上，随轮毂一起沿轴槽移动。导向平键用于轮毂沿轴向移动距离较小的场合，当轮毂的轴向移动距离较大时宜采用滑键连接。

2. 半圆键连接

半圆键连接的工作原理与平键连接相同。半圆键在槽中可绕其几何中心摆动以适应轮毂槽底面的斜度。半圆键连接的结构简单，定心好，制造和装拆方便，但由于轴上键槽较深，对轴的强度削弱较大，故一般多用于轻载连接，尤其是锥形轴端与轮毂的连接中。

半圆键的基本尺寸有键宽 b、高 h、直径 d_1 和长度 L。

例如 $b=6$ mm，$d_1=25$ mm，$L=24.5$ mm，则标记为：

键　6×25 GB/T 1099—1979。

轴上键槽的深度 t 可从标准中查出。轴、轮毂键槽的表示方法和尺寸标注如图 10-38。

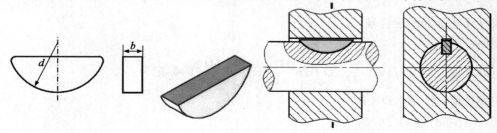

图 10-38　半圆键

3. 钩头楔键连接

楔键的上下表面是工作面,键的上表面和轮毂键槽底面均具有 1∶100 的斜度。安装时,用力打入,键楔紧于轴槽和毂槽之间。工作时,靠键、轴、毂之间的摩擦力及键受到的偏压来传递转矩,同时能承受单方向的轴向载荷。定心精度不高,因此,只适用于定心精度不高,载荷平稳和低速的联接。

钩头楔键的基本尺寸有键宽 b、高 h 和长度 L。

例如 $b=18, h=11, L=100$,则标记为:

键 18×100 GB 1565—1979。

轴、轮毂和键的装配画法如图 10-39 所示。

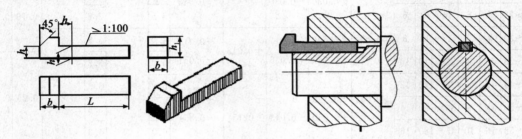

图 10-39　钩头楔键

4. 花键连接

花键是把键直接做在轴上和轮孔上,成一整体,沿周向均布多个键齿,齿侧为工作面。分为外花键和内花键两种。主要用来传递较大的扭矩。花键的齿型有矩形和渐开线形等,其中矩形花键应用最广,其结构和尺寸已标准化。具有受力均匀、对轴的削弱程度小、承载能力高、对中性好、导向性好等优点。但齿根有应力集中,制造成本高。适用于定心精度要求较高、载荷大或经常滑移的联接。

花键的基本尺寸包括大径 D、小径 d、键宽 B、齿数 N(国家标准规定键数 N 为偶数,分别为 6、8、10 三种)、工作长度 L;标注时,指引线应从大径引出,代号组成为:

齿数×小径及配合公差带代号×大径及配合公差带代号×齿宽及配合公差带代号 标准号

注意:国家标准规定采用小径定心方式,所以内、外花键小径的精度要高于其他表面。

矩形花键的图形符号: ⊓

渐开线花键的图形符号: ⋀

例如:

矩形花键:$N=6$;$d=23\dfrac{\text{H7}}{\text{f7}}$;$D=26\dfrac{\text{H10}}{\text{a11}}$;$B=6\dfrac{\text{H11}}{\text{d10}}$ 的标记为:

花键规格:$N \times d \times D \times B$

$\qquad\quad 6 \times 23 \times 26 \times 6$

花键副：$\sqcap$ $6\times23\dfrac{H7}{f7}\times26\dfrac{H10}{a11}\times6\dfrac{H11}{d10}$　GB/T 1144—2001

内花键：$\sqcap$ $6\times23H7\times26H10\times6H11$　GB/T 1144—2001

外花键：$\sqcap$ $6\times23f7\times26a11\times6d10$　GB/T 1144—2001

外花键的画法和螺纹相似，大径用粗实线绘制，小径用细实线绘制，但是，大小径的终止线用细实线表示，键尾用与轴线成 30°的细实线表示。当采用剖视时，若剖切平面平行于键齿剖切，键齿按不剖绘制，且大小径均采用粗实线画出。在反映圆的视图上，小径用细实线圆表示，如图 10-40(a)、(b)所示。

内花键的画法和标注和外花键相似，区别是在反映圆的视图上，大径用细实线圆表示。标注时，公差带的代号用大写字母表示，如图 10-40(c)所示。

花键连接的画法和螺纹连接的画法相似，即公共部分按外花键绘制，不重合部分按各自的规定画法绘制，如图 10-40(d)所示。

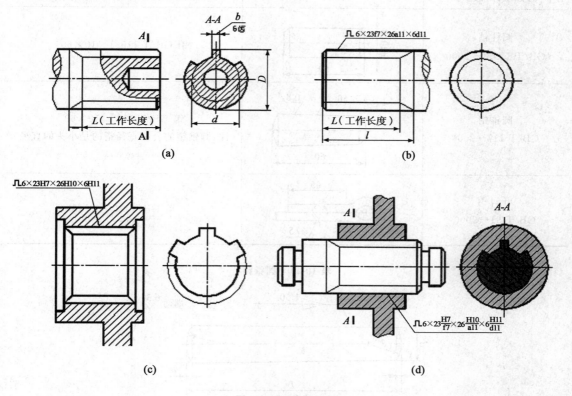

图 10-40　花键连接

二、销连接

常用的销有圆柱销、圆锥销、开口销等，如图 10-41 所示。

(a) 圆柱销　　　**(b) 圆锥销**　　　**(c) 开口销**

图 10-41　销

圆柱销和圆锥销起定位和联接作用,开口销常与六角开槽螺母配合使用,它穿过螺母上的槽和螺杆上的孔以防螺母松动或限定其他零件在装配体中的位置。销的画法和标记见表 10-13,其尺寸参见表 10-14、表 10-15、表 10-16。

表 10-13　销的图例及标记示例

名称及标准编号	图例	标记示例
圆柱销 GB/T 119.1—2000	$\phi10\text{h8}$　60	销 GB/T 119.1　10×60
圆锥销 GB/T 117—2000	1:50　0.8　60	销 GB/T 117　10×60 (注:圆锥销的公称直径指的是小头的直径)
开口销 GB/T 91—2000	45　$\phi7.5$	销 GB/T 91　8×45

表 10-14　圆锥销

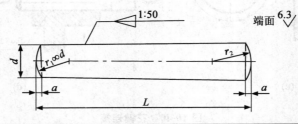

d	1	1.2	1.5	2	2.5	3	4	5	6	8	10	12	16	20	25	30	40
a	0.12	0.16	0.2	0.25	0.3	0.4	0.5	0.63	0.8	1	1.2	1.6	2	2.5	3	4	5
L	6~16	6~20	8~24	10~35	10~35	12~45	14~55	18~60	22~90	22~120	26~160	32~180	40~200	45~200	50~200	55~200	60~200

表 10-15　圆柱销

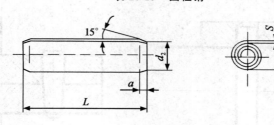

mm

公称直径	d_k		d_2	s	a	L
	max	min				
0.8	0.9	0.85	0.75	0.07	0.2	4～12
1	1.15	1.1	0.95	0.08	0.3	
1.2	1.4	1.3	1.15	0.1	0.4	4～16
1.5	1.72	1.62	1.4	0.13	0.5	
2	2.25	2.15	1.9	0.17	0.7	4～24
2.5	2.8	2.65	2.35	0.21	0.8	
3	3.3	3.15	2.85	0.25	1	8～32
3.5	3.84	3.67	3.35	0.29	1.2	
4	4.4	4.2	3.8	0.33	1.3	8～60
5	5.5	5.25	4.8	0.42	1.7	
6	6.5	6.25	5.8	0.5	2	12～100
8	8.6	8.35	7.75	0.67	3	
10	10.8	10.45	9.6	0.84	3	20～160
12	12.85	12.5	11.5	1	4	
14	14.95	14.55	13.5	1.2	4.5	32～180
16	16.95	16.55	15.4	1.3	5	

表 10-16　开口销

类型	外形图	规格标识图	用途特征
开口销			公称规格为 5 mm，公称长度 $l=$50 mm，材料 Q213 或 235，不经表面处理的开口销，标记为：销 GB/T 91　5×50

	公称	0.6	0.8	1	1.2	1.6	2	2.5	3.2	4	5	6.3	8	10	12
d	min	0.4	0.6	0.8	0.9	1.3	1.7	2.1	2.7	3.5	4.4	5.7	7.3	9.3	11.1
	max	0.5	0.7	0.9	1	1.4	1.8	2.3	2.9	3.7	4.6	5.9	7.5	9.5	11.4
c	max	1	1.4	1.8	2	2.8	3.6	4.6	5.8	7.4	9.2	11.8	15	19	24.8
	min	0.9	1.2	1.6	1.7	2.4	3.2	4	5.1	6.5	8	10.3	13.1	16.6	21.7
b	～	2	2.4	3	3	3.2	4	5	6.4	8	10	12.6	16	20	26
a	max	1.6				2.5			3.2		4			6.3		

注：①销孔的公称直径等于 $d_{公称}$。

　　②根据使用需要，由供需双方协议，可采用 $d_{公称}$ 为 3 mm、6 mm 的规格。

销连接的画法如图 10-42 所示：

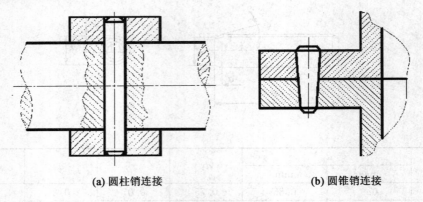

(a) 圆柱销连接　　　　　　　　　　　(b) 圆锥销连接

图 10-42　销连接的画法

三、断面图

为了表达机件上某个断面的结构形状，假想用剖切平面将机件某处切断，仅画出断面的图形称为断面图。此种表达方法既能够清楚地反映形体的内部形状，又能使作图简化。

断面图种类按其在图纸上配置的位置不同分为移出断面和重合断面两种。

1．移出断面图

移出断面图适用于断面变化较多的零件，如图 10-43 所示，移出断面图的轮廓线用粗实线绘制，画在视图的外面，尽量配置在剖切位置的延长线上，一般情况下只需画出断面的形状，但是，当剖切平面通过回转曲面形成的孔或凹槽时，此孔或凹槽按剖视画，或当断面为不闭合图形时，要将图形画成闭合的图形。完整的剖面标记由三部分组成：粗短线表示剖切位置，箭头表示投影方向，拉丁字母表示断面图名称。当移出断面图配置在剖切位置的延长线上时，可省略字母；当图形对称（向左或向右投影得到的图形完全相同）时，可省略箭头；当移出断面图配置在剖切位置的延长线上，且图形对称时，可不加任何标记。如图 10-43 所示。

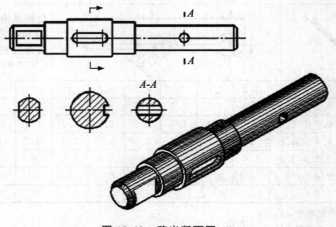

图 10-43　移出断面图

移出断面图也可以画在视图的中断处,此时若断面图形对称,可不加任何标记,若断面图形不对称,要标注剖切位置和投影方向。当采用一组相交剖切平面时,可用点画线表示剖面位置,而剖面图用波浪线断开。为了画图方便,在不致引起误会的情况下,可将剖面图旋转一定的角度(小于 45°)将图形转正,此时要加注旋转标记。如图 10-44 所示。

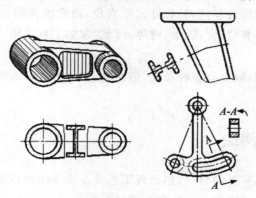

图 10-44 移出断面图

2.重合断面图

重合断面图适用于形体表面整体有凸起或凹陷的断面结构。剖切后将断面图形旋转 90° 重叠在视图上,这样得到的剖面图称为重合断面图。重合断面图的轮廓线要用细实线绘制,而且当断面图的轮廓线和视图的轮廓线重合时,视图的轮廓线应连续画出,不应间断。当重合断面图形不对称时,要标注投影方向和断面位置标记,如图 10-45 所示。

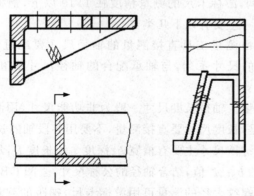

图 10-45 重合断面图

【任务实施】

绘制主动齿轮轴的零件图

工具的准备:钢板尺、游标卡尺、千分尺;传动轴;给出基本偏差数值表和表面粗糙度数值。

一、轴类零件的基础知识

轴是组成机械的典型零件,它支撑着其他转动件回转并传递扭矩,同时又通过轴承与机器的机架连接。轴类零件是旋转零件,其长度大于直径,通常由外圆柱面、圆锥面、螺纹、键槽等构成。和轴配合的零部件有轮、套、轴承、键等,因此,常加工有键槽、轴肩、螺纹退刀槽、砂轮越程槽、中心孔等结构。

根据功用和结构形状,轴类有多种形式,如光轴、空心轴、半轴、阶梯轴、偏心轴、花键轴、曲轴、凸轮轴等。

二、轴类零件的测绘

首先应先了解该轴类零件的材质、热处理工艺及在设备中的位置、作用和与相邻件的配合关系,然后对零件的内、外结构进行分析和工艺分析。

(1)确定表达方案,绘制零件草图。轴类零件一般在车床上加工,按形状和加工位置确定主视图,通常用一个基本视图和移出断面或局部放大图表示,基本视图的轴线水平放置,大头在左,小头在右,轴上的键槽最好放置在前面,用移出断面表示键槽的深度,砂轮越程槽、退刀槽和中心孔等常用局部放大图表示。

(2)尺寸测量与标注。绘制出草图之后,确定要测量的尺寸,测量尺寸之前,要根据被测尺寸的精度选择测量工具,线性尺寸的主要测量工具有千分尺、游标卡尺和钢板尺等,千分尺的测量精度在 IT5～IT9 之间,游标卡尺的测量精度在 IT10 以下,钢板尺一般用来测量非功能尺寸。轴类零件的测量尺寸主要有以下几类:

①轴径尺寸的测量。由测量工具直接测量的轴径尺寸要经过圆整,使其符合国家标准(GB/T 2822—1981)推荐的尺寸系列,与轴承配合的轴径尺寸要和轴承的内孔系列尺寸相匹配。

②轴径长度尺寸的测量。轴径长度尺寸一般为非功能尺寸,用测量工具测出的数据圆整成整数即可,需要注意的是,长度尺寸要直接测量,不要用各段轴的长度累加计算总长。

③键槽尺寸的测量。键槽尺寸主要有槽宽 b、深度 t 和长度 L,从外观即可判断与之配合的键的类型,根据测量出的 b、t、L 值,结合轴径的公称尺寸,查阅 GB 1096—79,取标准值。

④螺纹尺寸的测量。螺纹大径的测量可用游标卡尺,螺距的测量可用螺纹规。在没有螺纹规时可用薄纸压痕法,采用压痕法时要多测量几个螺距,然后取标准值。

选定尺寸基准,正确、完整、清晰、合理地标注尺寸。

(3)确定尺寸公差及配合代号,标注技术要求。

(4)确定表面粗糙度(请参阅有关资料)。

(5)确定材料和热处理方法(请参阅有关材料和热处理的有关资料)。

(6)绘制零件图。

三、绘制零件草图时应注意的问题

(1)零件上的制造缺陷(如砂眼、气孔等)以及由于长期使用造成的磨损、碰伤等,均不必画出。

(2)零件上的细小结构(如铸造圆角、倒角、退刀槽、砂轮越程槽、凸台和凹坑等)必须画出。

(3)有配合关系的尺寸,一般只测出它的基本尺寸。其配合性质和相应的公差值,应在分析后,查阅有关手册确定。

(4)没有配合关系的尺寸或不重要的尺寸,允许将所测尺寸适当圆整。

(5)对螺纹、键槽、齿轮和轮齿等标准结构的尺寸,应把测量结果与标准值核对,就近取标准值,以便于制造。

四、画零件图

1.选择比例、确定图幅

零件草图绘制完成并检查无误后,即可根据零件的复杂程度选择比例,尽量选用 1:1,以便于看图和零件的加工。然后根据视图数量、尺寸、技术要求等所需空间大小选择标准图幅。

2.画底稿

(1)定出各视图的基准线:根据各视图的轮廓尺寸,画出确定各视图位置的基准线,基准线包括对称中心线、轴线、某一基面的投影线。确定基准线位置时要注意各视图之间要留出标注尺寸的位置。

(2)画出各视图。画图时要遵循:先画主要形体,后画次要形体;先定位置,后定形状;先画主要轮廓,后画细节的原则。

(3)标出尺寸。

(4)注写技术要求,填写标题栏。

3.校核

零件图上的所有内容完成后,需对其进行校核,发现错误及时更正。

4.描深

按顺序加深所有的粗实线,并保持线条的粗细一致。

5.审核

零件图画好后,还需要进一步审核。各项内容都准确无误时,零件工作图就完成了,如图 10-46 所示。

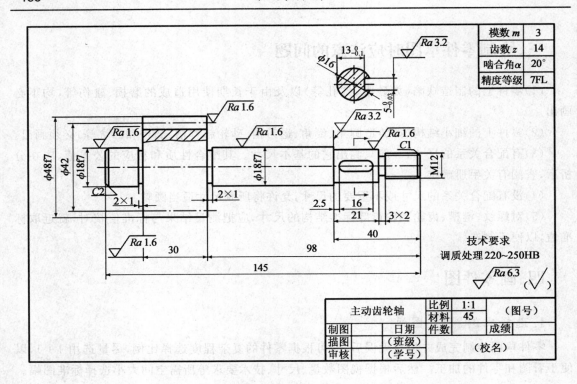

图 10-46   主动齿轮轴零件图

【知识链接】

一、局部放大图

当机件的某些局部结构较小,在图形中不易表达清楚或不便标注尺寸时,可将此局部结构用较大比例在图样中单独画出,这种图形称为局部放大图。局部放大图可采用原图形所采用的表达方法,也可采用与原图形不同的表达方法,如原图形为视图,局部放大图为剖视图,即局部放大图与原图形被放大部分的表达方法无关,可画成视图、剖视图或断面图,且应尽量配置在被放大部位的附近,投射方向与被放大部分的投射方向一致。

绘制局部放大图时,除螺纹、齿轮、链轮的齿形外,应用细实线圈出被放大的部位,当同一机件上有几个放大图时,必须用罗马数字依次为被放大的部位编号,并在局部放大图的上方注出相应的罗马数字和所采用的比例。如图 10-47 所示。

二、有关肋板、轮辐等结构的画法

(1)机件上的肋板、轮辐及薄壁等结构,如纵向剖切都不画剖面符号,而且用粗实线将它们与其相邻结构分开,如图 10-48 所示。

(2)回转体上均匀分布的肋板、轮辐、孔等结构不处于剖切平面上时,可将这些结构假想旋转到剖切平面上画出,且不需加任何标注。如图 10-49 所示。

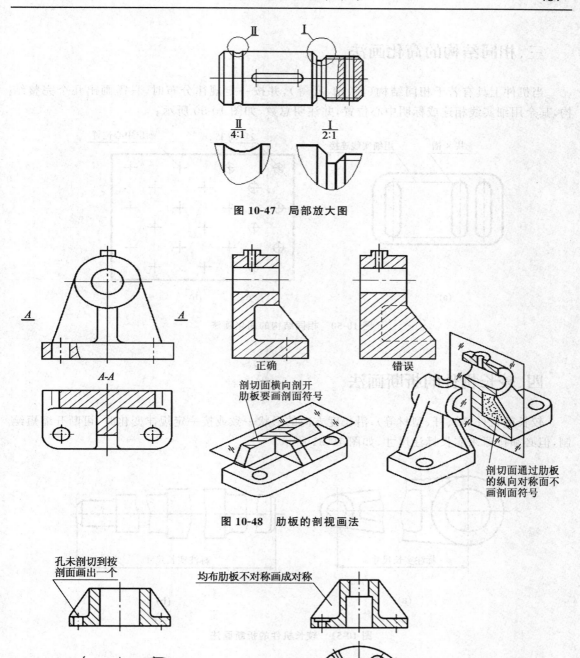

图 10-47　局部放大图

图 10-48　肋板的剖视画法

正确　　　　　错误

剖切面横向剖开
肋板要画剖面符号

剖切面通过肋板
的纵向对称面不
画剖面符号

孔未剖切到按
剖面画出一个

均布肋板不对称画成对称

(a)　　　　　(b)

图 10-49　均匀分布的肋板、孔的剖切画法

三、相同结构的简化画法

当机件上具有若干相同结构（齿、槽、孔等），并按一定规律分布时，只需画出几个完整结构，其余用细实线相连或标明中心位置，并注明总数，如图 10-50 所示。

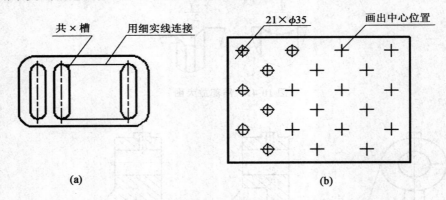

图 10-50　相同结构的简化画法

四、较长机件的折断画法

较长的机件（轴、杆、型材等），沿长度方向的形状一致或按一定规律变化时，可断开缩短绘制，但必须按原来实长标注尺寸，如图 10-51 所示。

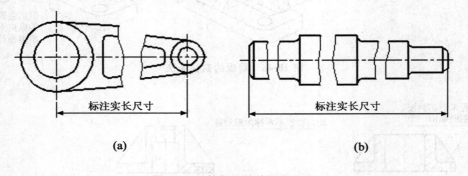

图 10-51　较长机件的折断画法

五、其他简化画法

（1）机件上较小的结构，如在一个图形中已表示清楚时，在其他图形中可以简化或省略。如图 10-52（a）所示。

（2）网状物、编织物或机件上的滚花部分，可在轮廓线附近用细实线示意画出，并在视图上或技术要求中注明这些结构的具体要求，如图 10-53（a）。当视图不能充分表达平面时，可在图

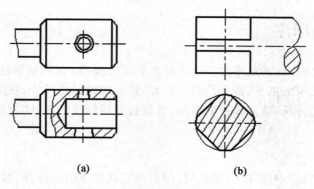

图 10-52　较小结构的简化画法

形上用相交的两条细实线表示平面,如图 10-53(b)。机件上的相贯线、截交线等,当交线和轮廓线非常接近,并且一个视图中已经表示清楚时,其他视图上可省略或简化,如图 10-53(c)。在不致引起误解时,零件图中的小圆角或小倒角允许省略不画,但必须注明尺寸或在技术要求中加以说明,如图 10-53(d)。

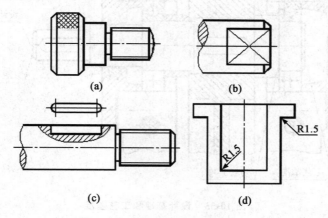

图 10-53　简化画法

　　(3)对于对称机件的视图,在不致引起误解的情况下,可只画出一半或 1/4,并在对称中心线的两端画出两条与其垂直的平行细实线,如图 10-54 所示。

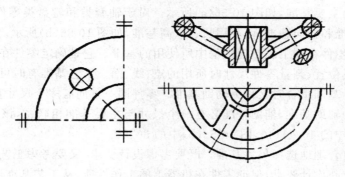

图 10-54　简化画法

六、零件图的标注

零件图的尺寸标注应能满足零件的设计要求和工艺要求,合理地标注尺寸能使零件既有良好的工作性能,又便于加工、测量和检验。因此,要合理地标注尺寸,首先要对零件进行形体分析、结构分析和工艺分析,确定零件的基准,选择合理的标注形式,结合具体情况合理地标注尺寸。

1. 基准

基准是指零件在机器中或加工、测量时,用以确定其位置的一些点、线或面,它可以是零件上对称平面、安装底平面、端面、零件的结合面、主要孔和轴的轴线等。根据其用途不同,基准又分为设计基准和工艺基准,如图 10-55 所示。

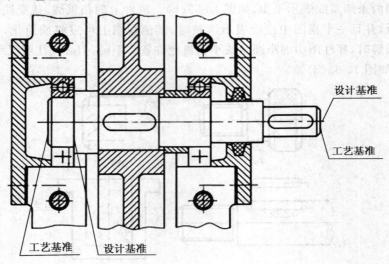

图 10-55　设计基准和工艺基准

设计基准是根据零件在机器中的作用和结构特点,为保证零件的设计要求而选定的基准,是尺寸标注时的主要尺寸基准,零件的主要回转轴线、结构的对称中心平面、零件的重要支承面、重要结合面等都可能作为设计基准。零件有长、宽、高三个方向,每个方向都要有一个设计基准,该基准又称为主要基准,如图 10-56(a)所示。对于轴套类和轮盘类零件,实际设计中经常采用的是轴向基准和径向基准,而不用长、宽、高基准,如图 10-56(b)所示。

工艺基准是指零件在加工和装配过程中所使用的基准。它是确定零件在机床或夹具中的正确位置,以及刀具位置、测量零件尺寸时所用的点、线、面。工艺基准有时可能与设计基准重合,该基准不与设计基准重合时又称为辅助基准。零件同一方向有多个尺寸基准时,主要基准只有一个,其余均为辅助基准,辅助基准必有一个尺寸与主要基准相联系,该尺寸称为联系尺寸。如图 10-56(a)中的 40、11、10,图 10-56(b)中的 30、90。

标注尺寸时,应合理地选择尺寸基准。既要考虑设计要求,又要考虑工艺要求。从设计基准出发标注尺寸,反映设计要求,保证零件在机器上的工作性能;从工艺基准出发标注尺寸,反

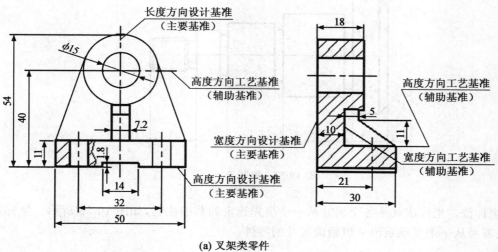

(a) 叉架类零件

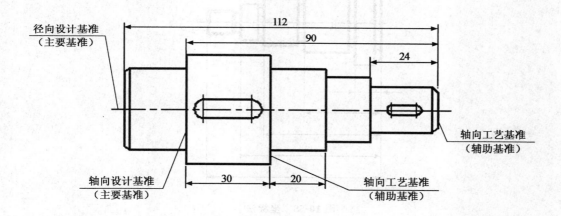

(b) 轴类零件

图 10-56　零件的尺寸基准

映工艺要求,便于制造、加工和测量。因此,最好把设计基准和工艺基准统一起来,这样既能满足设计要求,又能满足工艺要求。若两者不能统一,应在保证设计要求的前提下,满足工艺要求。一般来讲,重要尺寸应从设计基准出发标注,而一般尺寸考虑到加工、测量方便,应从工艺基准出发标注。重要尺寸是指对零件的使用性能和装配精度有影响的尺寸。

2. 标注尺寸的形式

根据尺寸在图样上的布置,标注尺寸有下列三种形式:

(1)链状法。链状法就是把尺寸依次注写成链状,如图 10-57 所示。常用于标注若干相同结构之间的距离、阶梯状零件中尺寸要求十分精确的各段以及用组合刀具加工的零件尺寸等。

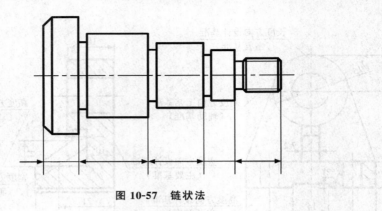

图 10-57　链状法

（2）坐标法。坐标法就是各个尺寸从一个事先选定的基准注起，如图 10-58 所示。坐标法用于标注需要从一个基准定出一组精确尺寸的零件。

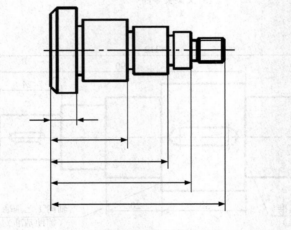

图 10-58　坐标法

（3）综合法。综合法就是链状法与坐标法的综合，如图 10-59 所示。标注零件尺寸时多用综合法。

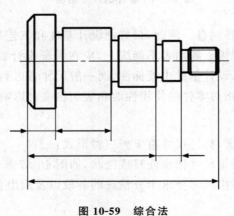

图 10-59　综合法

3.标注尺寸时应注意的问题

（1）功能尺寸要直接标注出来。功能尺寸是指影响产品工作性能、精度及配合的重要尺寸。直接标注出功能尺寸，能够直接提出尺寸公差、形状和位置公差的要求，以保证设计要求如图 10-60 所示。图中轴承座中的高度尺寸 a 和轴孔直径尺寸 b 以及两轴承座孔的中心距为此零件的功能尺寸。

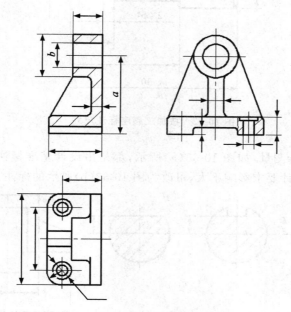

图 10-60　功能尺寸直接注出

（2）要避免出现封闭的尺寸链。封闭的尺寸链是由头尾相接，组成一个封闭链的一组尺寸，如图 10-61（a）所示。这样标注的尺寸在加工时难以保证设计的精度要求。实际标注尺寸时，要在尺寸链中选一个不重要的尺寸，作为开口环，以积累所有尺寸的误差，如图 10-61（b）所示，这样就保证了其他尺寸的设计精度要求。

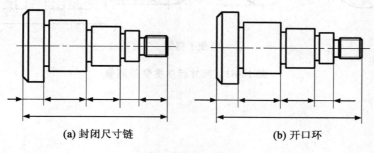

(a)封闭尺寸链　　　　　　　　　**(b)开口环**

图 10-61　尺寸链

（3）要按加工顺序标注尺寸。按加工顺序标注尺寸，符合加工过程，便于加工与测量。如图 10-62 所示，阶梯轴的加工顺序是：先加工直径是 φ11、长为 30 的外圆；再加工直径为 φ9、长为 20 的外圆；然后在长为 8 的位置加工 2×φ4 的退刀槽；最后加工 M6 的螺纹。这样标注的尺寸便于工人的加工及测量,省时省力。

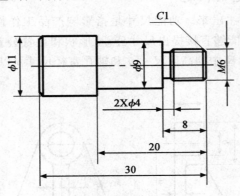

图 10-62   按加工顺序标注尺寸

(4)尺寸标注要便于测量,如图 10-63(a)所示,都是由设计基准标注的尺寸,但不便于测量。如果这些尺寸对设计要求影响不大,可改为图 10-63(b)所示的标注方法,以便于测量。

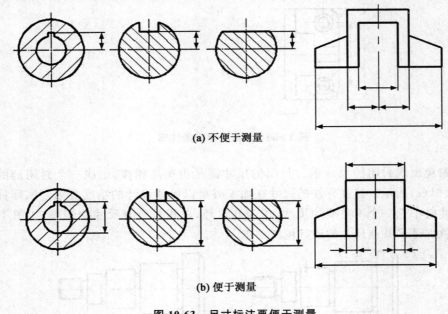

(a) 不便于测量

(b) 便于测量

图 10-63   尺寸标注要便于测量

项目十一　读球阀的装配图和拆画零件图

【学习目标】

1. 掌握装配图的规定画法和特殊表达方法。
2. 了解尺寸标注与技术要求。
3. 了解装配图的零、部件编号与明细栏。
4. 掌握读装配图的基本要求、方法和步骤。
5. 能看懂装配图。
6. 能正确拆画零件图。

任务一　掌握读装配图的方法

【教学目标】

知识目标

1. 了解装配图的作用和内容。
2. 掌握装配图的规定画法和特殊表达方法。
3. 了解装配图的零、部件编号与明细栏。
4. 了解尺寸标注与技术要求。

技能目标

1. 了解装配图的内容。
2. 掌握装配图的规定画法和特殊表达方法。

【任务导入】

装配图是设计者表达设计意图、生产者按图生产的重要技术文件。能够表达机器或部件的工作原理、装配关系和主要零件的主要结构等。在机械设计和机械制造的过程中,装配图是制定装配工艺规程,进行设计、装配、调试、检验、安装、使用、维修和测绘等过程的依据。

在产品或部件的设计过程中,一般是先设计画出装配图,然后再根据装配图进行零件设计,画出零件图;在产品或部件的制造过程中,先根据零件图进行零件加工和检验,再按照依据装配图所制定的装配工艺规程将零件装配成机器或部件。

【任务准备】

一、读装配图的基本要求

在生产、维修和使用、管理机械设备和技术交流等工作过程中,常需要阅读装配图;例如,在设计过程中,要按照装配图来设计和绘制零件图;在安装机器及其部件时,要按照装配图来装配零件和部件;在技术学习或技术交流时,则要参阅有关装配图才能了解、研究一些工程、技术等有关问题,以及由装配图拆画零件图。因此,作为工程界的从业人员,必须掌握读装配图以及由装配图拆画零件图的方法。

读装配图的基本要求可归纳为:

(1)了解装配体的名称、用途、性能和工作原理。

(2)弄清各零件间的相对位置、装配关系和装拆顺序。

(3)弄懂各零件的结构形状及作用。

读装配图要达到上述要求,不仅要掌握制图知识,还需要具备一定的生产和相关专业知识。

二、装配图的内容

如图 11-1 是截止阀的装配图,一张完整的装配图应具备如下内容:

1. 一组视图

根据产品或部件的具体结构,选用适当的表达方法,用一组视图表达装配体(机器或部件)的工作原理、各组成部分的装配连接关系、连接方式、相对位置、动力的传动路线及主要零件的结构形状等。

图 11-1 所示截止阀的装配图,采用主视和俯视两个视图,主视图采用全剖,主要表达截止阀的工作原理和零件间的装配关系;俯视图主要表达截止阀的外部形状及阀盖和阀体的连接情况。

2. 必要的尺寸

装配图中不必标出装配图上零件的所有尺寸,只要求注出以下五类尺寸:

(1)规格尺寸(性能尺寸):表明装配体规格和性能的尺寸,是设计和选用产品的主要依据。

(2)装配尺寸:零件间有配合关系的配合尺寸以及零件间相对位置尺寸。

(3)安装尺寸:机器或部件安装到基座或其他工作位置时所需的尺寸。

(4)外形尺寸:反映产品或部件的总长、总宽、总高的外形轮廓尺寸。

(5)重要尺寸:在设计过程中经过计算而确定的尺寸和主要零件的主要尺寸以及在装配或使用中必须说明的尺寸。

以上五类尺寸,并非装配图中每张装配图上都需全部标注,有时同一个尺寸,可同时兼有几种含义。所以装配图上的尺寸标注,要根据具体的装配体情况来确定。

如在图 11-1 所示的截止阀的装配图中所标注的 $\phi 20$ 为规格尺寸,$\phi 42H11/d11$ 为配合尺寸,$\phi 70$ 为安装尺寸,125、$\phi 88$ 为外形尺寸。

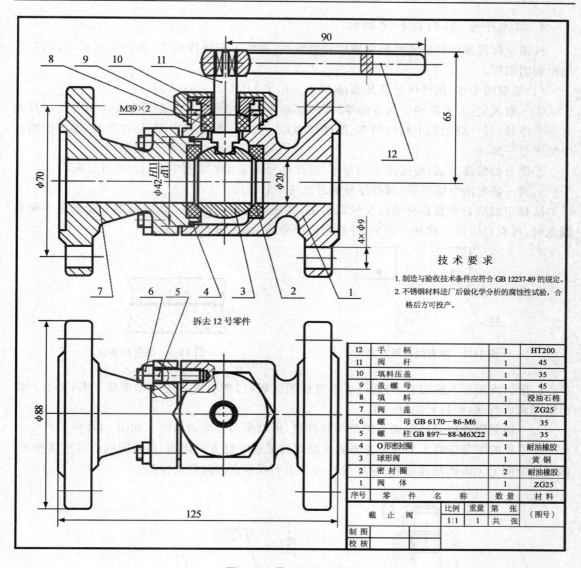

图 11-1　截止阀的装配图

3.技术要求

　　装配图中的技术要求主要用来说明机器或部件在装配、调整、检验、安装、使用、维修和测绘等过程中应达到的技术要求和指标。一般用文字注写在明细栏的上方或图样下方的空白处。一般应包括以下几个方面。

　　(1)装配要求:是指机器或部件在装配过程中需要注意的事项及装配后应达到的要求,如准确度、装配间隙、润滑要求等。

　　(2)检验要求:是指对机器或部件基本性能的检验、试验及操作时的要求。

　　(3)使用要求:是对机器或部件的规格、参数、基本性能及维护、保养、使用时的注意事项及要求。

4.零件序号、标题栏和明细栏

按国家标准规定的格式绘制标题栏和明细栏,并按一定顺序将零、部件进行编号,填写标题栏和明细栏。

(1)装配图中零、部件序号及其编排方法(GB/T 4458.2—1984)。

①一般规定:a.装配图中所有的零、部件都必须编写序号。b.装配图中一个部件可以只编写一个序号;同一装配图中相同的零、部件只编写一次。c.装配图中零、部件序号,要与明细栏中的序号一致。

②序号的编排方法:装配图中编写零、部件序号的常用方法有三种,如图 11-2 所示。

a.同一装配图中编写零、部件序号的形式应一致。

b.指引线应自所指部分的可见轮廓引出,并在末端画一圆点。如所指部分轮廓内不便画圆点时,可在指引线末端画一箭头,并指向该部分的轮廓。如图 11-3 所示。

图 11-2 序号的编写方式   图 11-3 指引线画法

c.指引线相互不能相交,当通过有剖面线的区域时,指引线不应与剖面线平行;必要时指引线可画成折线,但只可曲折一次。

d.一组紧固件以及装配关系清楚的零件组,可以采用公共指引线。如图 11-4 所示。

e.零件的序号应沿水平或垂直方向按顺时针或逆时针方向排列,序号间隔应尽可能相等。如在整个图上无法连续排列时,应尽量在每个水平或垂直方向顺次排列。

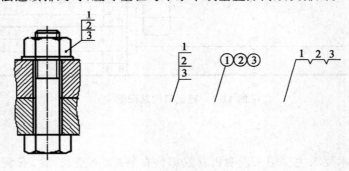

图 11-4 公共指引线

(2)图中的标题栏及明细栏。

①标题栏(GB/T 10609.1—1989)。装配图中标题栏格式与零件图中相同。

②明细栏(GB/T 10609.2—1989)。明细栏是装配图中全部零件的详细目录,按GB/T 10609.2—1989 规定绘制。一般配置在装配图中标题栏的上方,按由下自上的顺序填写,如图 11-5 所示。当位置不够时,可紧靠在标题栏的左侧自下而上延续。

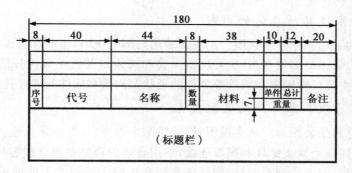

图 11-5　标题栏与明细栏

【任务实施】

下面以球阀为例说明读装配图的一般方法和步骤，如图 11-6 所示。

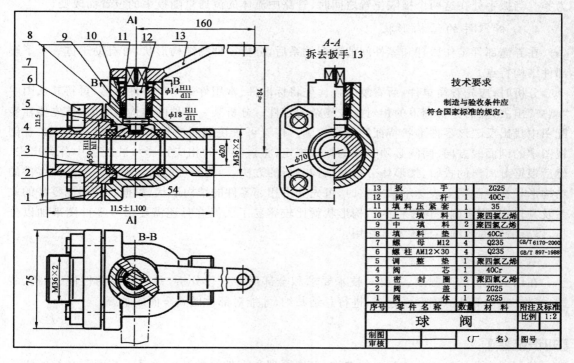

图 11-6　球阀装配图

1. 概括了解装配图的内容

由标题栏、明细栏了解部件的名称、用途以及各组成零件的名称、数量、材料等，对于有些复杂的部件或机器还需查看说明书和有关技术资料。以便对部件或机器的工作原理和零件间的装配关系做深入地分析了解。

由图 11-6 的标题栏、明细栏可知，该图所表达的是管路附件——球阀，该阀共由 13 种零件组成。球阀的主要作用是控制管路中流体的流通量。从其作用及技术要求可知，密封结构是该阀的关键部位。

2.分析各视图及其所表达的内容

球阀装配图共采用三个基本视图。主视图采用局部剖视图,主要反映该阀的组成、结构和工作原理。俯视图采用局部剖视图,主要反映阀盖和阀体以及扳手和阀杆的连接关系。左视图采用半剖视图,主要反映阀盖和阀体等零件的形状及阀盖和阀体间连接孔的位置和尺寸等。

3.弄懂工作原理和零件间的装配关系

球阀装配图有两条装配线。从主视图看,一条是水平方向,另一条是垂直方向。其装配关系是:阀盖和阀体用四个双头螺柱和螺母连接,并用合适的调整垫调节阀芯与密封圈之间的松紧程度。阀体垂直方向上装配有阀杆,阀杆下部的凸块嵌入到阀芯上的凹槽内。为防止流体泄漏,在此处装有填料垫、填料、并旋入填料压紧套将填料压紧。

球阀的工作原理:扳手在主视图中的位置时,阀门为全部开启,管路中流体的流通量最大。当扳手顺时针旋转到俯视图中双点画线所示的位置时,阀门为全部关闭,管路中流体的流通量为零。当扳手处在这两个极限位置之间时,管路中流体的流通量随扳手的位置而改变。

4.分析零件的结构形状

在弄懂部件工作原理和零件间的装配关系后,分析零件的结构形状,可有助于进一步了解部件结构特点。

分析时,应先看简单件,后看复杂件。先将标准件、常用件等简单零件看懂,再将其从图中"剥离"出去,然后分析剩下的相对比较复杂的零件。分析某一零件的结构形状时,首先要在装配图中找出反映该零件形状特征的投影轮廓。接着可按视图间的投影关系、同一零件在各剖视图中的剖面线方向、间隔必须一致的画法规定,将该零件的相应投影从装配图中分离出来。然后根据分离出的投影,按形体分析和结构分析的方法,弄清零件的结构形状。当某些零件的结构形状在装配图上表达不够完整时,可先分析相邻零件的结构形状,根据它和周围零件的关系及其作用,再来确定该零件的结构形状就比较容易了。但有时还需要参考零件图来加以分析,以弄清零件的细小结构及其作用。

5.总结归纳

在以上分析的基础上,还要对技术要求和全部尺寸进行分析,并把部件的性能、结构、装配、操作、维修等几方面联系起来,进行总结归纳,才能对部件做到全面的了解。

【知识链接】

装配图主要用来表达装配体的结构、工作原理和零件间的装配关系。前面所介绍的机件表示方法中的画法及相关规定对装配图同样适用。但由于表达的侧重点不同,国家标准对装配图的画法,又做了一些规定。下面介绍装配图的规定画法及一些特殊的表达方法。

一、规定画法

1.零件间接触面、配合面的画法

相邻两个零件的接触面和基本尺寸相同的配合面,只画一条轮廓线;但若相邻两个零件的基本尺寸不相同,则无论间隙大小,均要画成两条轮廓线。如图 11-7 所示。

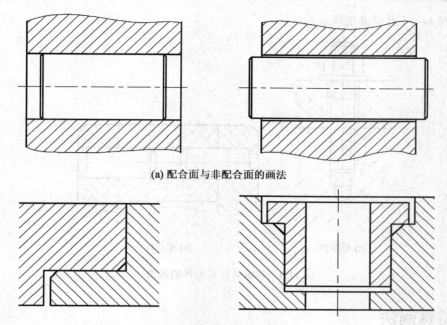

(a) 配合面与非配合面的画法

(b) 接触面与非接触面的画法

图 11-7 零件间接触面、配合面的画法

2. 装配图中剖面符号的画法

装配图中相邻两个金属零件的剖面线,必须以不同方向或不同的间隔画出,如图 11-8 所示。要特别注意的是,在装配图中,所有剖视、剖面图中同一零件的剖面线方向、间隔需完全一致。另外,在装配图中,宽度小于或等于 2 mm 的窄剖面区域,可全部涂黑表示。

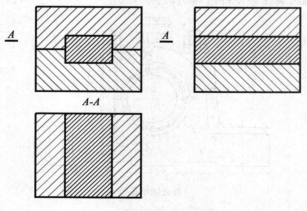

图 11-8 装配图中剖面符号的画法

3. 标准件和实心件的画法

在装配图中,对于标准件及轴、球、手柄、键、连杆等实心零件,若沿纵向剖切且剖切平面通过其对称平面或轴线时,这些零件均按不剖绘制,如图 11-9 所示。如需表明零件的凹槽、键槽、销孔等结构,可用局部剖视表示。

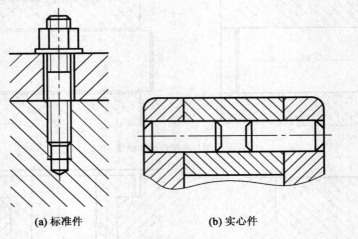

(a) 标准件　　　　　　　　(b) 实心件

图 11-9　标准件和实心件的画法

二、特殊画法

为使装配图能简便、清晰地表达出部件中某些组成部分的形状特征,国家标准还规定了以下特殊画法。

1. 拆卸画法

在装配图的某一视图中,为表达一些重要零件的内、外部形状,可假想拆去一个或几个零件后绘制该视图,并在该图上方标注"拆去××等"。如图 11-10 滑动轴承装配图中,俯视图的右半部即是拆去轴承盖、螺栓等零件后画出的。

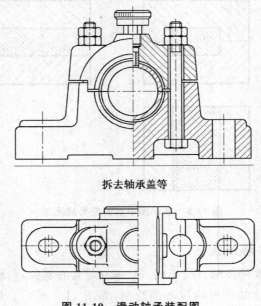

拆去轴承盖等

图 11-10　滑动轴承装配图

2. 沿结合面剖切画法

为了表达装配体中某些内部结构及装配关系,可假想沿某些零件的结合处进行剖切后绘制,如图 11-11 中的 *A-A* 剖视为沿轴承盖与轴承座的结合面剖切后的视图,些时零件的结合面不画剖面线,被剖断的其他零件应画剖面线。

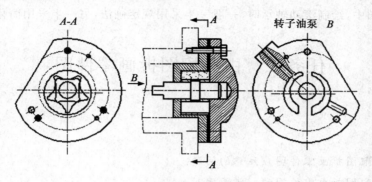

图 11-11　转子油泵

3. 单独表达某个零件的画法

在装配图中,当某个零件的主要结构在其他视图中未能表示清楚,而该零件的形状对部件的工作原理和装配关系的理解起着十分重要的作用时,可单独画出该零件的某一视图。如图 11-11 转子油泵的 B 向视图。注意,这种表达方法要在所画视图上方注出该零件及其视图的名称。

4. 夸大画法

在装配图中若绘制厚度或直径较小的薄片零件、细丝零件、较小的斜度或锥度,而这些零件又无法按实际比例画出时,允许将这些结构不按比例夸大画出。

如图 11-11 中的垫片的夸大画法。

5. 假想画法

在装配图中,为了表达与本部件有装配关系但又不属于本部件的相邻零、部件时,或在装配图中,当需要表达运动零件的运动范围或极限位置时,可用双点画线画出相邻零、部件的部分轮廓或零件在极限位置处的轮廓。如图 11-12 所示。

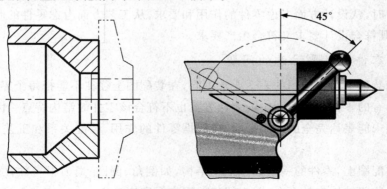

图 11-12　假想画法

6.简化画法

(1)在装配图中,螺母和螺栓头部允许采用简化画法。当绘制相同的螺纹紧固件组时,允许只画出一处,其余用细点画线表示出其中心位置即可。如图 11-11 中的螺栓连接。

(2)在装配图中,零件的工艺结构,如倒角、圆角、退刀槽、拔模斜度、滚花等可省略不画。

(3)在装配图中,绘制滚动轴承时,一般一半采用规定画法,另一半采用简化画法。

任务二　由装配图拆画零件图

【教学目标】

知识目标

1.掌握由装配图拆画零件图应注意的问题。

2.掌握由装配图拆画零件图的一般步骤。

技能目标

1.能看懂装配图。

2.能正确拆画零件图。

3.提高看图和绘图能力。

【任务导入】

在设计过程中,通常是根据使用要求先画出装配图,确定实现其工作性能的主要结构,然后根据装配图拆画零件图,简称拆图。

【任务准备】

1.拆画零件图的要求

(1)拆图前,应认真阅读装配图,了解设计意图,分析清楚装配关系、技术要求和各个零件的主要结构。

(2)画图时,从设计方面考虑零件的作用和要求,从工艺方面考虑零件的制造和装配,使所画的零件图既符合设计要求又符合生产要求。

2.拆画零件图时要注意的问题

(1)由于装配图与零件图的表达要求不同,在装配图上往往不能把每个零件的结构形状完全表达清楚,有的零件在装配图中的表达方案也不符合该零件的结构特点。因此,在拆画零件图时,对那些未能表达完全的结构形状,应根据零件的作用、装配关系和工艺要求重新选择表达方案。

(2)在装配图上,零件的一些细小工艺结构,如倒角、倒圆、退刀槽等往往省略不画。在拆画零件图时,这些结构应补画上,并查阅相关国家标准来确定。

（3）由于装配图上对零件的尺寸标注不完全，因此在拆画零件图时，除装配图上已有的与该零件有关的尺寸要直接照搬外，其余尺寸可按比例从装配图上量取。相邻零件接触面的有关尺寸和连接件的有关定位尺寸必须一致，拆图时应一并将它们注在相关零件图上，对于配合尺寸和重要的相对位置尺寸，应注出偏差数值。

（4）标注表面粗糙度、尺寸公差、形位公差等技术要求时，应根据零件在装配体中的作用，参考同类产品及有关资料确定。表面粗糙度应根据零件表面的作用和要求确定，接触面与配合面的表面粗糙度要低些，自由表面的表面粗糙要高些，但有密封、耐腐蚀、美观等要求的表面粗糙度则要低些。

（5）零件图中应正确注写技术要求，它将直接影响零件的加工质量。

【任务实施】

以图 11-6 所示球阀中的阀盖为例，介绍拆画零件图的一般步骤。

1. 确定表达方案

由装配图上分离出阀盖的轮廓，如图 11-13 所示。

根据端盖类零件的表达特点，决定主视图采用沿对称面的全剖，侧视图采用一般视图。

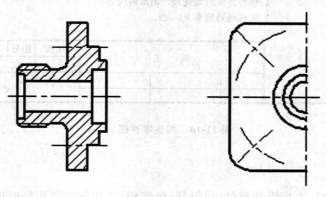

图 11-13   由装配图上分离出阀盖的轮廓

2. 尺寸标注

对于装配图上已有的与该零件有关的尺寸要直接照搬，其余尺寸可按比例从装配图上量取。标准结构和工艺结构，可查阅相关国家标准确定，标注阀盖的尺寸。

3. 技术要求标注

根据阀盖在装配体中的作用，参考同类产品的有关资料，标注表面粗糙度、尺寸公差、形位公差等，并注写技术要求。

4. 填写标题栏，核对检查

完成后的全图如 11-14 所示。

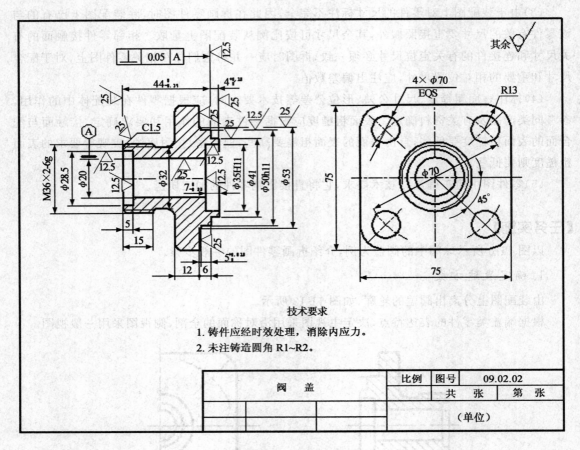

技术要求

1. 铸件应经时效处理，消除内应力。
2. 未注铸造圆角 R1~R2。

	阀　盖		比例	图号	09.02.02
				共　张	第　张
					（单位）

图 11-14　阀盖零件图

【知识链接】

装配结构是否合理，直接影响部件（或机器）的装配、工作性能及检修时拆装是否方便。因此，在设计时应考虑装配结构的合理性。

一、零件的接触面结构

（1）轴肩面与孔端面相接触时，应将孔边倒角或将轴的根部切槽，以保证轴肩面与孔端面接触良好，如图 11-15 所示。

（2）在同一方向上只能有一组面接触，应尽量避免两组面同时接触，如图 11-16 所示。

（3）在螺栓等紧固件的连接中，被连接件的接触面应制成沉孔或凸台，且需经机械加工，以保证接触良好，如图 11-17 所示。

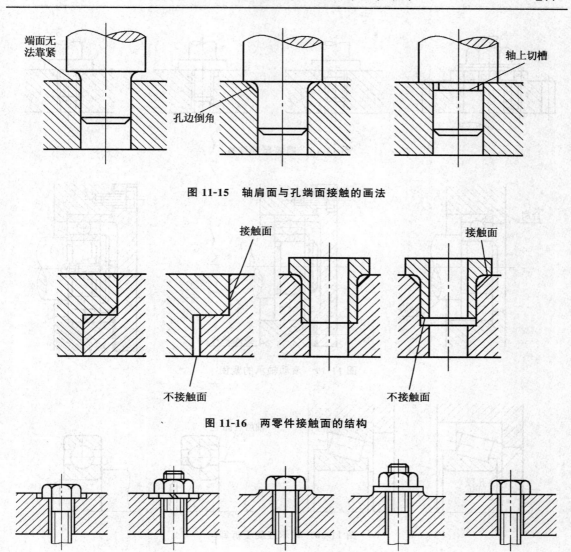

图 11-15　轴肩面与孔端面接触的画法

图 11-16　两零件接触面的结构

图 11-17　紧固件与被连接件接触面的结构

二、零件的紧固与定位

(1)为了紧固零件,可适当加长螺纹尾部,在螺杆上加工出退刀槽,在螺孔上作出凹坑或倒角,如图 11-18 所示。

(2)为防止滚动轴承在运动中产生窜动,应将其内、外圈沿轴向顶紧,如图 11-19 所示。

(3)为便于轴承拆卸,轴肩不能高于轴承内圈,孔径也不能高于轴承外圈,如图 11-20 所示。

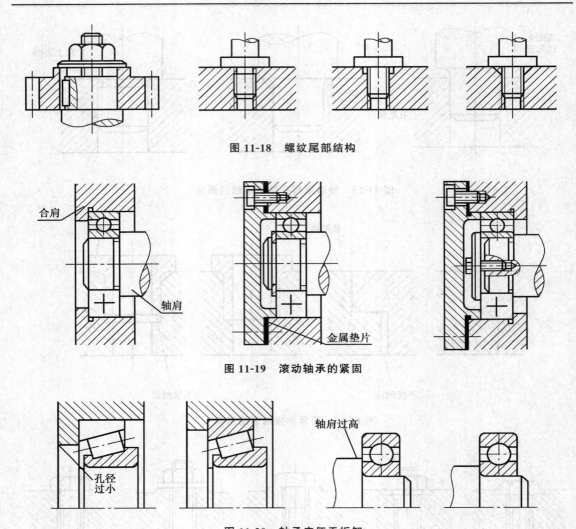

图 11-18 螺纹尾部结构

图 11-19 滚动轴承的紧固

图 11-20 轴承应便于拆卸

三、零件的装拆方便与可能性

(1)考虑到装拆的方便与可能性,一定要保证有足够的装拆空间,如图 11-21 所示。

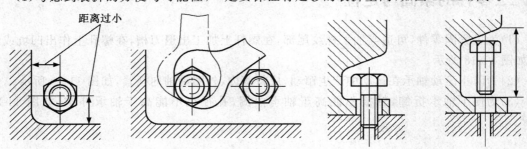

图 11-21 应留出紧固件的装拆空间

（2）在图 11-22（a）中，螺栓不便于装拆和拧紧，若在箱壁上开一手孔［图 11-22（b）］，或改用双头螺柱［图 11-22（c）］，即可解决问题。

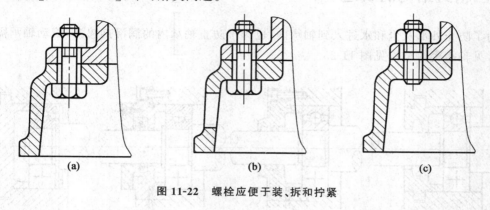

图 11-22　螺栓应便于装、拆和拧紧

（3）图 11-23（a）所示的套筒很难拆卸，若设计成图 11-23（b）那样，在箱体上钻几个螺钉孔，拆卸时就可用螺钉将套筒顶出。

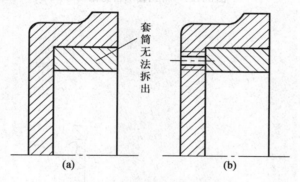

图 11-23　衬套应便于拆卸

四、装配图中螺纹联接结构的表达

螺栓联接时，被联接零件的孔径应大于螺栓直径。两个对顶的螺母可以起到防松作用，上螺母的厚度应大于下螺母的厚度，如图 11-24 所示。

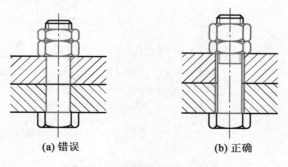

(a) 错误　　　　　　(b) 正确

图 11-24　装配图螺栓联接图例

五、密封结构的表达

为了防止外部灰尘和水进入到轴承内,也为了防止轴承内的润滑剂渗漏,滚动轴承需要密封。常见轴承密封结构见图 11-25。

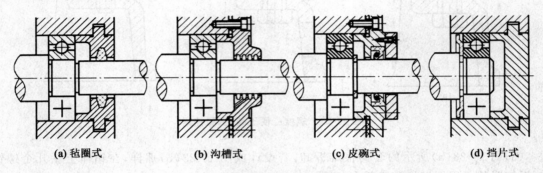

(a) 毡圈式　　　　　(b) 沟槽式　　　　　(c) 皮碗式　　　　　(d) 挡片式

图 11-25　常见轴承密封结构

参 考 文 献

[1] 金大鹰.机械制图.2 版.北京:机械工业出版社,2009.

[2] 李业农.机械制图.6 版.上海:上海交通大学出版社,2012.

[3] 史艳红,赵军.机械制图.郑州:河南科学技术出版社,2006.

[4] 国家质量监督局.中华人民共和国国家标准《机械制图》(S).北京:中国标准出版社,2008.

[5] 成大先.机械设计手册.5 版.北京:化学工业出版社,2010.

参考文献